34261

EXPOSITION UNIVERSELLE DE 1867

A PARIS

RAPPORTS DU JURY INTERNATIONAL

PUBLIÉS SOUS LA DIRECTION

DE M. MICHEL CHEVALIER

CONSIDÉRATIONS GÉNÉRALES

SUR

L'AGRICULTURE

SUR SES PROGRÈS ET SES BESOINS

PAR

M. Eugène TISSERAND.

PARIS

IMPRIMERIE ET LIBRAIRIE ADMINISTRATIVES DE PAUL DUPONT

45, RUE DE GRENELLE-SAINT-HONORÉ, 45

1867

CONSIDÉRATIONS GÉNÉRALES

SUR L'AGRICULTURE

SUR SES PROGRÈS ET SES BESOINS

—

CHAPITRE I.

SITUATION ÉCONOMIQUE : HAUSSE GÉNÉRALE DES SALAIRES, DÉPOPU-
LATION DES CAMPAGNES, INTÉRÊTS COMMUNS DE L'AGRICULTURE
ET DE L'INDUSTRIE.

A aucune époque les conditions de la production agricole
n'ont subi de changements aussi brusques et aussi profonds que
dans les vingt dernières années. Les chemins de fer ont été
construits, et leur réseau, semblable à un tissu aux mailles
serrées, couvre la surface de l'Europe, conviant les peuples
à la grande vie de relation. Les routes, les chemins et les canaux ont été améliorés et se sont multipliés au point de rendre les centres de consommation accessibles aux régions les
plus reculées. Les progrès accomplis dans la navigation ap-

pellent sur chaque marché les denrées de pays qui, il y a quelques années, nous étaient encore presque inconnus. Enfin, les traités de commerce, en supprimant les barrières élevées aux limites de chaque État, ont mis en présence les producteurs et les consommateurs de tous les points du globe. A la faveur de ces immenses changements, l'industrie a pris le développement qu'attestent la puissance des machines et la splendeur des produits accumulés dans les galeries de l'Exposition Universelle.

Sollicitée non moins vivement, l'agriculture a pris un essor inespéré. Le spectacle que nous avons sous les yeux montre la carrière qu'elle a parcourue déjà, et surtout les efforts qu'elle s'impose pour suffire à la tâche qui lui reste à accomplir. Dans cette évolution, elle se trouve en face de deux grands faits qui la dominent de toute leur influence : d'une part, la hausse des salaires, suite de la rareté de la main-d'œuvre ; de l'autre, la dépréciation du prix de quelques-uns de ses produits et le renchérissement de certains autres.

La hausse des salaires est un des effets inévitables du progrès social, car, lorsque la richesse publique augmente, la part qui revient au capital s'accroît dans une proportion moins grande que celle qui est attribuée au travail. Des capitaux abondants en quête d'un emploi rémunérateur provoquent l'activité industrielle et partant la demande de bras, dont l'offre limitée fait constamment monter la valeur.

De plus, comme le développement de l'industrie et du commerce est surtout considérable dans les villes où aboutissent les chemins de fer, grâce aux avantages multipliés qu'on y rencontre et qui sont dus à l'arrivage facile et économique des matières premières et au prompt écoulement des marchandises, il s'y produit, non-seulement une hausse des salaires, mais encore un appel d'ouvriers des campagnes, ce qui crée momentanément pour la culture une gêne réelle, considérable, pesant d'autant plus lourdement que les méthodes agricoles ont jusqu'ici été basées sur l'emploi d'une quantité de main-d'œuvre en quelque sorte illimitée et à très-bas prix.

Faut-il s'en plaindre? Mais ce serait accuser ce même progrès, aux bienfaits duquel tout le monde participe. De quel droit entraver ou simplement blâmer la tendance des populations qui, en se déplaçant, ne font qu'obéir au désir légitime d'améliorer leur sort ? Ce n'est pas qu'il n'y ait parfois une grande part d'illusion dans la perspective qui détermine ce mouvement vers les villes. Combien échangent inconsidérément une *aurea mediocritas* contre des chances de fortune que le premier souffle fait évanouir! Mais, en somme, le niveau s'élève sans cesse, et les déceptions particulières ne sont pas assez importantes pour faire tache au milieu du bien-être général et croissant.

Des apparences qui accompagnaient ce double effet du progrès social a surgi une erreur dont bien des cultivateurs et des publicistes ont été imbus longtemps. On a vu dans l'agriculture et l'industrie deux ennemies irréconciliables, dont l'une ne pouvait prospérer sans que cela fût aux dépens de l'autre. Bien des circonstances s'y prêtaient. Ici l'industrie s'emparait, pour s'en servir comme force motrice, des eaux que demandaient vainement les riverains pour leurs champs altérés ; là, les usines faisaient dévier de leur direction présumée des voies de communication qui eussent fécondé les campagnes en leur offrant des débouchés; partout c'était l'accaparement des bras. Hâtons-nous de dire cependant que la lumière s'est faite aussitôt que les faits ont été mieux connus. Les preuves abondent pour établir cette vérité : que le développement de l'agriculture est intimement lié à celui de l'industrie, et que sans la seconde il n'est pas de grands progrès réalisables pour la première.

Si l'on recherche, en effet, quelles sont les contrées où l'agriculture est le plus florissante, on reconnaît que ce sont celles où l'industrie a pris le plus grand essor, non pas comme on pourrait le croire, là où la terre est de première qualité, le climat favorable, mais là où règne la plus grande

activité, soit commerciale, soit industrielle, dans les Flandres,
la Belgique, l'Écosse, la Saxe, sur les rives du Rhin.

On le comprendra sans peine. Pour que l'agriculture pros-
père, il faut, cela va de soi, qu'elle trouve un écoulement facile et avantageux à ses produits, qu'elle ait l'assurance d'un
marché constant. Sous ce rapport rien n'est comparable aux
districts manufacturiers. Les consommateurs sont nombreux,
les salaires élevés, le capital abonde ainsi que les institutions
de crédit, c'est-à-dire, les plus puissants stimulants du travail. Et que l'on ne s'y trompe pas, c'est parce que les bras se
sont appliqués là où le besoin était le plus urgent; parce que
la force s'est trouvée dépensée d'une façon plus judicieuse, que
la richesse s'est accrue et s'est manifestée par des besoins
nouveaux. Tous ces travailleurs auxquels la fabrique ou la
mine verse de bonnes journées, se permettent la viande et le
vin, alors qu'aux champs ils eussent dû boire de l'eau et par-
tager un pain grossier et peu abondant, parce qu'on aurait été
trop nombreux à le produire.

Ce serait un sujet bien digne des recherches des agronomes
et des économistes que de déterminer la quantité de travail
strictement nécessaire pour produire une tonne de blé, une
tonne de viande, de chanvre, de lin, etc. Comme tout travail
est représenté par une certaine quantité de carbone, on arrive-
rait ainsi à fixer la dépense absolue de force animée nécessaire pour la production agricole d'une contrée dans des conditions définies. On pourrait de la sorte formuler pour chaque
pays le rapport qui doit exister entre la population rurale, ou
mieux, la population consacrée à produire les denrées agricoles et la population qui les consomme. Sans chercher des
chiffres absolus, il est manifeste que, malgré les plaintes qu'é-
lèvent les cultivateurs sur la rareté des ouvriers, il existe une
disproportion considérable entre le nombre de ceux qui restent
attachés aux travaux des champs et celui des agents des autres
branches d'activité; il est manifeste qu'on emploie plus de travail manuel ou, en d'autres termes, que l'on consomme plus

de charbon qu'il n'est convenable pour notre production agricole actuelle. Il n'est pas besoin d'entrer dans une analyse mi-
nutieuse des divers facteurs de cette production ; il suffit, pour
s'en convaincre, de jeter les yeux sur ce qui se passe journel-
lement dans nos champs et dans nos fermes. Combien de travaux, que les machines peuvent faire, restent encore le par-
tage de l'ouvrier! S'agit-il de défoncer, de labourer, d'ameublir
le sol, de nettoyer les cultures, de recueillir les moissons, c'est
encore la main-d'œuvre qui domine. Dans les bâtiments ruraux,
que de pertes, et de temps et de denrées, faute de dispositions
convenables! Sans doute de grands progrès ont été réalisés ; le
matériel agricole se perfectionne chaque jour, grâce aux concours régionaux qui en font ressortir le mérite; mais l'outillage
qui convient à nos besoins actuels, les semoirs, les houes, les
scarificateurs, les rouleaux, les faneuses mécaniques, etc., etc.,
sont encore à l'état d'exception dans nos campagnes. Par suite
d'une éducation incomplète, la classe ouvrière se montre
hostile, de son côté, à leur propagation, comme si le progrès
n'avait pas pour conséquence immédiate une demande plus
grande de travailleurs pour suffire aux étendues plus grandes
soumises à la charrue, aux soins multiples donnés aux cultures,
aux développements des plantes industrielles, aux améliorations foncières qu'entraîne avec elle la prospérité d'un pays.

On s'étonne à bon droit que, en France, la moitié au moins de
la population soit occupée aux travaux des champs. En Angleterre, la classe rurale n'est que de 20 pour 100 dans le
chiffre de la population totale; en Belgique, elle s'élève, il est
vrai, à 40 ou 45 pour 100, parce que la terre y est excessivement morcelée, mais, en Saxe, elle descend à 28 pour 100.
Aux États-Unis le nombre des cultivateurs ne paraît pas dé-
passer, si même il l'atteint, la proportion de 10 pour 100 dans
la population totale.

Toutes les statistiques s'accordent, d'autre part, à montrer
que, aussitôt que, dans un pays, on voit s'accroître la population
et le bien-être de cette population, la proportion des cultivateurs

décroît, tandis que celle des commerçants et des industriels augmente. Or, si nous analysons la production de chaque contrée, nous ne trouvons pas que la valeur des produits agricoles soit la plus élevée, là où le nombre des cultivateurs est le plus grand : ainsi avec un nombre d'ouvriers ruraux relativement inférieur, l'Angleterre, la Belgique et la Saxe produisent beaucoup plus que la France, et la France à son tour produit beaucoup plus que l'Italie, l'Espagne et l'Allemagne.

CHAPITRE II.

NÉCESSITÉ DES MACHINES ET D'UN OUTILLAGE PERFECTIONNÉ.

Pour obvier au manque croissant de bras et faire face à la hausse des salaires en même temps qu'aux exigences d'une culture de plus en plus intensive, il ne faut pas se plaindre, il faut imiter les prodigieux efforts de l'industrie. Il faut que l'agriculture, s'adressant à la mécanique, lui demande de multiplier le nombre de ses agents et qu'elle n'exige plus de l'homme, à l'exemple de l'industrie, que le règlement et la conduite des forces fournies par les animaux de travail ou par la vapeur appliquée aux machines ; que, en un mot, elle aussi rende à l'intelligence son rôle suprême : la direction.

Déjà l'Angleterre est entrée dans cette voie, poussée, il est vrai, par la nécessité. Elle a généralisé chez elle l'emploi du semoir, de la herse, du scarificateur, de la moissonneuse, et la voilà défonçant ses terres les plus compactes et les plus difficiles à l'aide des ingénieux et puissants appareils inventés par le regrettable John Fowler. De grandes usines, comparables à celles de l'industrie manufacturière, se sont mises à fabriquer, à l'aide de milliers d'ouvriers, un matériel perfectionné qui s'est rapidement répandu.

Les États-Unis nous offrent un exemple non moins remarquable à imiter. Les bras disponibles sont encore plus rares.

Cette pénurie se faisant sentir, surtout au moment de la moisson, le génie inventif et persévérant de ce peuple a doté l'agriculture d'un instrument admirable et rendu un immense service à l'humanité par la suppression du travail si pénible et si dangereux du moissonneur. 175,000 machines à moissonner travaillent régulièrement aux États-Unis et l'on estime qu'il s'en construit maintenant 100,000 chaque année. Elles coupent et mettent en gerbes, chaque jour, la récolte de 7 à 800,000 hectares de céréales, c'est-à-dire une surface grande comme l'Alsace entière, et telle est la facilité de leur maniement que, pendant la dernière guerre, alors que toute la population rurale était appelée à prendre part à la lutte, les femmes, les sœurs, les filles des soldats ont pu les remplacer aux champs et sauver la récolte.

N'eût-elle que ces avantages d'un caractère supérieur, la moissonneuse mériterait les plus grands éloges, mais elle se recommande encore à l'intérêt général par le compte que trouve à l'employer l'intérêt privé du cultivateur. Sans elle, il faudrait aux États-Unis une population sextuple, soit un million et demi d'hommes pour enlever les récoltes pendantes au moment opportun ; elle laisse donc 1,300,000 hommes à la disposition de l'industrie. Pour l'agriculture, c'est une épargne de 250 millions de francs de travail manuel et une économie réelle de plus de 100 millions par an sur le prix de revient du travail de la moisson.

Enfin une autre considération vient s'ajouter aux motifs d'humanité et d'économie pure invoqués ci-dessus, celle de la liberté qu'accorde au cultivateur un pareil auxiliaire. Maître désormais de ses mouvements, l'agriculteur peut ne moissonner que lorsque le temps est suffisamment beau, et comme la machine fait rapidement beaucoup de besogne, il lui est permis de tirer parti des instants favorables, qui ne manquent jamais, même dans les plus mauvaises saisons. Le ciel vient-il à se rasséréner, vîte et sans plus tarder il se met à l'œuvre et rentre encore ses richesses dans de bonnes conditions. Quand, par avance, on a engagé une troupe de moissonneurs, il faut, bon gré mal gré, procéder au travail sous la pluie et la tempête. On peut bien différer le travail de quelques heures, d'un jour, de deux jours même, mais, après, le chômage devient ruineux et l'ouvrage n'avançant qu'avec lenteur, les risques redoublent. On conçoit ce qu'il s'ensuit de temps, de grain et d'argent perdu. Aux États-Unis, on estime à 90 litres par hectare le grain qui, sans la machine, resterait perdu sur le terrain ou qui serait avarié. Or, cette épargne on la réalise surtout dans les années mauvaises. En France, sur une étendue de six millions et demi d'hectares consacrés à la culture du froment, on sauverait, d'après cette proportion, 5 millions et demi d'hectolitres valant 110 millions de francs, c'est-à-dire ce qu'il faudrait pour combler, le plus souvent, des déficits qui jettent les populations dans l'inquiétude et compromettent la tranquillité de l'État. Elle irait au delà si l'on y joignait l'économie de semence résultant de l'emploi du semoir. Les mêmes raisons s'appliquent avec presque autant de force aux faucheuses mécaniques. D'après les évaluations les plus modérées, chacune d'elles dure assez pour faucher 4 à 500 hectares de prairie, c'est 40 à 50 millions d'hectares pour 100,000 machines, travail pour lequel il ne faudrait pas moins de 560 millions payés aux faucheurs à raison de 14 francs par hectare. Faisons le compte pour 100,000 faucheuses mécaniques :

40 millions d'hectares fauchés à 4ʰ par jour, avec 1 homme et 2 chevaux coûteront :	
10 millions journées d'homme à 6 francs........	60.000.000 fr.
20 millions — de cheval à 3 francs........	60.000.000
Prix d'achat de 100,000 machines.............	60,000.000
Intérêts, réparations, entretiens..............	40.000.000
Total.................	220.000.000

ce qui laisse une économie de 340 millions de francs, c'est-à-dire plus de 50 pour 100 sur le prix du travail manuel.

La possibilité d'accomplir la fenaison et la moisson par des moyens mécaniques est donc un fait avéré, et les expériences

faites à l'Exposition ne laissent aucun doute à cet égard. Ce qu'il
faut maintenant, c'est former le personnel appelé à se servir de ces machines; car, il ne faut pas l'oublier, toute machine nouvelle demande un apprentissage. Avec un peu d'étude,
l'habileté vient vite, et ce n'est pas trop exiger que de demander
un léger effort d'intelligence en place des rudes fatigues du
corps qu'il s'agit de supprimer.

Il nous semble inutile de répéter les arguments qui militent en
faveur de l'emploi général d'instruments aussi connus et aussi
appréciés que les faneuses, les râteaux et les houes à cheval.

La propagation d'un outillage perfectionné dans nos fermes
ne restreindra pas moins le nombre des animaux de travail
qu'elle ne réduira le besoin de main-d'œuvre pour une production déterminée. Il ne faut jamais oublier qu'il en est de
l'agriculture comme de l'industrie; si cette dernière a intérêt à se procurer des machines remplaçant de nombreux
ouvriers, elle ne recherche pas avec moins d'ardeur des
moteurs qui dépensent le moins de charbon possible pour
un effet utile donné. Le fabricant se garde bien de brûler
deux tonnes de houille, quand il suffit d'une seule, d'avoir
trois ou quatre machines à vapeur en activité, quand deux
lui donnent toute la force dont il a besoin. De même, en
agriculture, il faut se borner au nombre d'animaux de travail
strictement nécessaire à la ferme et c'est prodigalité que de
créer des forces inutiles au moyen de paille et de fourrages
facilement transformés en produits vendables tels que la laine,
la viande, le lait, etc., etc.

En France, c'est là le travers commun : les Anglais et les
Saxons dépensent beaucoup moins de travail de cheval ou de
bœuf pour produire 1,000 francs de denrées agricoles. La faute
en est à nos chemins vicinaux, à notre matériel agricole et à l'organisation du travail. Que n'y a-t-il pas à faire pour rendre plus
praticable le réseau de fondrières qui entretient seul la vie dans
nos campagnes? Puis, au lieu des lourdes et grossières charrues que l'on ne rencontre encore que trop souvent dans certains

départements, il nous faudrait ces araires perfectionnées dont l'Exposition nous a offert de si excellents modèles. Au lieu de retourner lentement le sol avec la charrue pour les deuxième et troisième labours, ne saurait-on le préparer tout aussi bien et dans un temps beaucoup plus court au moyen d'instruments autrement expéditifs? Les scarificateurs, les houes, les rouleaux, les herses, les charrues vigneronnes ont atteint un degré de perfection qui laisse peu à désirer; les concours de Billancourt les ont signalés et classés par ordre de mérite. Ce n'est donc pas l'outillage qui manque à notre agriculture; elle a ce que n'a jamais possédé l'agriculture antique, à en juger par la remarquable collection historique du docteur Rau.

La machine à vapeur gronde déjà dans nos fermes; elle y fait mouvoir nos machines fixes et la voilà qui prend possession de nos champs pour y faire les travaux de labour et de défoncement qu'exige une culture intensive. Le labourage à vapeur tend effectivement, depuis quelques années, à se propager dans la Grande-Bretagne. Sans préjuger la question, nous croyons, à cette belle invention, un avenir bien moindre en France, où les terres sont généralement plus faciles à cultiver, où le climat n'entrave pas autant qu'en Angleterre les travaux des champs, où enfin le charbon coûte davantage. Elle sera certainement d'un emploi profitable pour les défoncements et toutes les opérations qui soumettent soit les bœufs, soit les chevaux, à de pénibles efforts; mais elle conviendrait peu aux labours ordinaires. En revanche, on l'appréciera sans doute à sa pleine valeur dans les contrées méridionales, où la culture profonde présente beaucoup d'avantages, quand elle est combinée avec une irrigation abondante et de copieuses fumures.

La Grande-Bretagne est le premier pays qui ait fait progresser l'outillage agricole et où ce progrès soit général. Dès la fin du siècle dernier un Écossais, André Meikle, inventait la machine à battre. Un autre Écossais, Small, faisait à l'antique charrue saxonne des perfectionnements considérables, et on voyait déjà se fonder quelques-unes de ces grandes fabriques d'instruments aratoires qui ont exercé une influence réelle sur le développement de l'agriculture; Ransomes trouvait, dès 1820, les procédés d'aciération du soc des charrues, qui devenait une source d'économie importante pour les cultivateurs. En 1826, Patrick Bell construisait une machine à moissonner, imparfaite, comme le sont toujours des essais, et destinée à disparaître devant celle de l'américain Mac Cormick.

Aujourd'hui, les grandes fabriques de matériel agricole se comptent par centaines dans les Iles Britanniques, occupant une population considérable et fournissant, non-seulement l'agriculture du Royaume-Uni, mais celle du monde entier; puisque leur exportation, sans comprendre les locomobiles et les machines à vapeur, monte à 12 ou 14 millions de francs par an. Les États-Unis ont suivi ce mouvement; depuis quelques années, 170 manufactures s'y sont fondées, rien que pour fabriquer des faucheuses et des moissonneuses.

Il n'y a pas lieu d'en être surpris : le progrès est, le plus souvent, le résultat de la nécessité. Sous l'influence de son immense développement industriel, la Grande-Bretagne a été la première à connaître la hausse des salaires, la rareté des bras à la campagne, en même temps que croissaient les exigences d'une culture plus intensive. Au lieu de se plaindre, ses cultivateurs ont demandé aux machines d'abord le supplément de travail qu'il leur fallait, puis, une puissance décuple de celle dont ils disposaient auparavant.

En France, nous commençons à ressentir les mêmes besoins, aussi les progrès prennent-ils une allure précipitée. Les fabriques d'instruments agricoles se sont multipliées en prenant aussi plus d'importance. Il ne faut pas s'en tenir là. Que serait devenue l'industrie, si elle avait attendu de l'accroissement de la population les forces qui lui faisaient défaut ? Elle eût végété misérablement. La mécanique lui a livré ces admirables machines qu'un enfant suffit à conduire et qui font, sans repos ni trêve, l'ouvrage que 10, 15, 20 et 100 ouvriers robustes auraient peine à accomplir ! Aussi a-t-elle centuplé sa puissance productive et sa force d'expansion. Que l'agriculture fasse de même ; elle a plus d'ouvriers qu'il ne lui en faut pour cela, et elle arrivera à la même prospérité.

Les concours de Billancourt ont eu pour but de l'éclairer, autant qu'il a été possible, en faisant fonctionner les machines, en classant chaque nature d'instruments suivant son mérite, sans préoccupation du passé et sans tenir compte des récompenses déjà obtenues. Les opérations ont été conduites avec une patiente persévérance dans cet ordre d'idées, en vue d'un but éminemment utile à atteindre et non pour donner un vain spectacle plus propre à satisfaire les yeux et à éblouir la foule qu'à éclairer la conscience des hommes spéciaux appelés à les juger ou à s'en servir (1).

CHAPITRE III.

VARIATIONS DU PRIX DES TERRES ET DES DENRÉES AGRICOLES.

Si la hausse des salaires et la rareté de la main-d'œuvre forcent l'agriculture à réformer son outillage, l'élévation du prix de la terre, d'une part, la baisse de certaines denrées et la hausse de certains produits, de l'autre, conséquence du progrès social, la conduisent à faire des améliorations non moins importantes, quoique d'un ordre différent.

Depuis vingt-cinq à trente ans, la valeur des terres labourables et des prairies a augmenté d'un tiers environ ; le fait a été constaté partout. Au contraire, le prix du blé a plutôt diminué, tandis que la valeur de la viande, du tabac, du houblon, du beurre, du vin haussait considérablement. La valeur du lait en nature

(1) Les concours de machines et d'instruments agricoles, à Billancourt, ont été une heureuse innovation et une addition importante aux Expositions Universelles tenues jusqu'alors ; faits pendant toute la durée de l'Exposition, ils ont permis de multiplier les essais et les examens, et de classer, d'après leur mérite et leur destination spéciale, chaque espèce de machines et d'instruments agricoles.

est restée à peu près stationnaire dans les villes. Le tableau ci-dessous, dû à l'un des publicistes les plus distingués de la Grande-Bretagne, M. James Caird, met ce fait dans toute son évidence.

	En 1770	En 1850
	Par hectare.	Par hectare.
Loyer des terres arables.............	41f 60c	82f 00c
Moyenne du salaire des ouvriers par semaine.................	8 75	12
Prix du pain par livre anglaise......	0 15	0 12 ½
— de la viande par livre anglaise..	0 32 ½	0 50
— du beurre par livre anglaise....	0 60	1 25

Il n'est pas difficile d'expliquer comment la consommation du pain ne suit pas exactement l'accroissement de la population, celui de la richesse publique et la hausse des salaires. L'ouvrier largement rétribué ne fait plus du pain et des légumes la base de son alimentation, il les remplace en partie par de la viande et des boissons généreuses, comme le vin et la bière ; c'est autant de diminution sur cet article. D'un autre côté, les grains sont d'un transport facile, ils sont peu susceptibles d'avaries ; les lignes de fer, les navires les peuvent aller chercher au loin et compenser, pour certains pays, les déficits d'une année défavorable. Il n'en est pas de même pour la viande qui se détériore très-vite et ne saurait gagner un marché très-distant ; ni des bestiaux engraissés, auxquels un transport considérable fait assez perdre en qualité et en quantité pour que les premiers essais d'expédition n'aient pas été renouvelés. Il n'est pas jusqu'au commerce des animaux maigres qui ne présente, quand on les fait venir de pays lointains comme la Hongrie et la Russie, des difficultés presque insurmontables. Leur plus facile déplacement est contrebalancé par les effets du changement de climat, de nourriture et d'eau qui causent une grande mortalité ou contrarient l'engraissement de façon à en annuler le bénéfice ; du reste ce n'est là qu'un mince désavantage, puisque l'importation d'animaux des steppes orientales nous tiendrait sans cesse sous le coup de l'invasion d'épizooties redoutables.

Le houblon, la vigne, le tabac et autres végétaux de cette catégorie ne peuvent être cultivés que là où il existe une population nombreuse et civilisée ; ils sont donc exclus des pays peu habités, où la terre est sans grande valeur, et nulle concurrence ne vient en avilir le prix qu'élève constamment l'augmentation du nombre et de la prospérité des consommateurs.

Le mouvement ascensionnel du prix des laines s'est ralenti depuis quelques années ; un mouvement inverse tend même à se produire ; en voici la raison. La production de la laine exige de grands parcours ; elle est le propre de la culture pastorale primitive. Tant que certaines parties de la France, de l'Allemagne, de l'Espagne, de la Russie en ont eu le privilège, comme le besoin devenait chaque jour plus grand, elles s'attribuaient une rémunération de plus en plus large. Mais les choses ont changé de face lorsqu'on s'est mis à exploiter les vastes prairies naturelles de l'Australie, de l'Amérique du Sud, du Cap de Bonne-Espérance. Dans ces régions lointaines, dans ces immenses et magnifiques prairies où la population est extrêmement rare, la viande n'a nulle valeur. On s'est gardé d'imiter les boucaniers de la Plata ; au lieu d'élever du gros bétail pour n'en tirer d'autre produit que la peau, on a visé à une spéculation plus profitable et à laquelle la nature des herbes se prêtait admirablement. On s'est servi du mouton et surtout du mouton à laine fine. Les mérinos français, les Rambouillet y ont été introduits par milliers et à des prix souvent énormes (1). On s'est appliqué à produire les types de laines les plus variés de façon à répondre aux exigences des manufactures européennes, depuis les toisons les plus fines jusqu'aux plus longues et aux plus soyeuses. Tel a été le succès de l'entreprise que, soixante-six ans après l'introduction des mérinos en Australie, le nombre des moutons s'est élevé à

(1) A Rambouillet on a acheté les béliers au prix de 4, 5, 6, 8, 10 et 12,000 francs ; les brebis ont atteint 5 et 600 francs pièce. C'est par centaine de mille francs qu'il se vend, chaque année, des reproducteurs du troupeau impérial à destination de l'Amérique du Sud et des colonies anglaises.

30 millions de têtes, permettant de fournir annuellement à l'Europe 50 millions de kilogrammes de laine d'une valeur de 200 millions de francs (1).

C'est que, en effet, aucune denrée ne supporte si bien les chances d'une expédition lointaine. Pressée et mise en balles, la laine a, sous un petit volume, une assez grande valeur pour se déplacer de l'un des bouts du monde à l'autre. Nos ports, nos marchés sont encombrés des envois de l'Australie et du Cap; aussi, devant cette concurrence, la toison de nos troupeaux n'est-elle plus qu'un produit accessoire.

CHAPITRE IV.

THÉORIE NOUVELLE DE L'AGRICULTURE. — LOI DE LA RESTITUTION INTÉGRALE.

Il suit évidemment de là que, pour répondre aux conditions nouvelles, l'agriculteur français doit viser : 1° à faire le plus de viande et de lait possible ; 2° à développer les cultures industrielles et à supprimer les jachères au profit des plantes fourragères; 3° à restreindre au besoin ses cultures de céréales plutôt qu'à les augmenter, et 4° en raison de la hausse des salaires et du prix élevé des terres, à produire beaucoup plus de blé sur une surface égale ou même moindre, de façon à pouvoir obtenir son grain à meilleur marché.

Ces besoins ont heureusement conduit l'agriculture dans une

---

(1) C'est au capitaine John Mac Arthur, l'un des premiers émigrants, que l'Australie est redevable de cette source précieuse de richesse. En 1797, il fit venir du cap de Bonne-Espérance 3 béliers et 3 jeunes brebis mérinos ; en 1803, il fit une nouvelle importation de mérinos d'Angleterre. Telle fut l'origine de ces troupeaux à laine fine qui, par millions aujourd'hui, blanchissent les pâturages verdoyants de l'Australie. Un fait intéressant à ce sujet : l'une des provinces de cette colonie, la Nouvelle-Galles, possédait 29 moutons en 1788; elle exportait 245 livres de laines en 1809; au 1er janvier 1866, le nombre de bêtes ovines y était de 11,100,245, et l'exportation était en 1866 de 13,617,800 kilog. de laines, d'une valeur moyenne de 414 francs le quintal métrique; ce qui fait pour ce seul produit plus de 56 millions de francs.

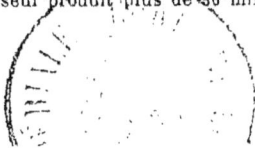

voie aboutissant à une ère de prospérité en quelque sorte illimitée.

Sans doute, c'était déjà un point important que de pouvoir remuer et diviser les couches du sol, que jamais autrefois n'avaient touchées les instruments informes figurés sur les monuments antiques les plus parfaits. Mais ce progrès n'était-il point un leurre ? De ce que la terre, plus vivement sollicitée, livrait de plus riches récoltes, n'allait-on pas la réduire plus vite à l'épuisement ? Un moment on crut voir se dissiper le doute qui planait vaguement dans les intelligences les plus avancées. Certaines plantes, le trèfle, le sainfoin, la luzerne, etc. paraissent tirer de l'atmosphère beaucoup plus que du sol ; elles devaient donc enrichir celui-ci, en lui laissant une partie de leur substance. Certes, leur introduction dans la culture fut un grand bienfait ; grâce à elle la zone des prairies, restreinte aux vallées, aux bas-fonds et aux plateaux humides, put s'étendre sur le flanc des collines et dans les plaines sèches ; la jachère leur céda peu à peu la place. A un énorme accroissement dans les ressources fourragères répondit un accroissement pareil dans la production animale. Seulement on s'exagérait leur puissance et on se trompait sur leur mode de nutrition ; on s'en aperçut, lorsqu'on vit le trèfle refuser de venir dans les endroits où il avait si vigoureusement végété auparavant. Le redoutable problème se posa donc de nouveau, et, cette fois, avec un aspect mieux défini et par suite plus menaçant encore ; ce n'était plus le sol seulement qui était menacé d'épuisement, c'était encore le sous-sol, grâce à la culture de la betterave et des prairies artificielles.

C'est alors que l'agriculture, s'élevant dans les régions éclairées par la science, a vu s'ouvrir pour elle un horizon tout nouveau. La chimie multipliant ses recherches, lui découvrait les véritables éléments qui entrent dans la composition des plantes usuelles, et les sources de ces éléments, elle lui faisait voir que, pour assurer à tout jamais à une terre sa puissance productrice, il fallait lui rendre, sous une forme assimilable, la

totalité des principes exportés de la ferme, qu'ils eussent servi
à faire des grains et des fourrages ou bien de la laine, de la
viande et du lait.

La restitution intégrale est le pivot sur lequel roulent toutes
les opérations de la culture ; ce principe fondamental établit
une différence radicale entre la civilisation antique et la civilisation moderne. En effet, les Grecs et les Romains, à l'époque
la plus brillante de leur histoire, ne voyaient dans l'agriculture
qu'une profession manuelle et ne cherchaient le progrès qu'au
moyen d'une succession ingénieuse de plantes, d'assolements,
de soins minutieux pour le fumier d'étable, qu'ils divinisaient
sous le nom de Sterculus, tandis qu'ils laissaient perdre gratuite-
ment toutes les autres matières fertilisantes. Les agriculteurs
modernes, tout au contraire, se soucient moins de l'alternat et
ne se préoccupent que des moyens d'enrichir leurs terres en y
apportant autant d'engrais divers qu'ils peuvent s'en procurer.
L'antiquité, par ses pratiques vicieuses, par les leçons des Caton
et des Columelle, a créé les déserts de la Grèce, de l'Asie ; elle
a causé la dépopulation des contrées les plus riches et les plus
prospères (1). De nos jours, guidée par les conseils des Dumas,
des Boussingault, des Payen, des Liebig, des Stœckhardt, des
Isidore Pierre, des Malaguti, des Ville, etc., etc., l'agriculture
enrichit continuellement le sol de la patrie, en lui permettant
ainsi de suffire aux besoins d'une population double et triple.
N'est-il pas remarquable que la Chine nous ait précédés encore
sur ce point? Là, rien n'est perdu de ce qui peut rendre au
sol sa fertilité ou l'accroître ; il en résulte que le sol, bien
loin de s'appauvrir, n'a cessé de gagner en fécondité, et que, à
surface égale, il nourrit cinq et six fois plus d'habitants que
les contrées les plus favorisées de l'Europe. Par l'emploi des
mêmes moyens, l'empire insulaire du Japon, avec un territoire
montagneux, dont la moitié à peine est susceptible de culture,
compte une population supérieure en nombre à celle des îles

---

(1) L'Égypte n'a échappé à cette désolation que grâce au renouvellement
de son sol par le limon du Nil. La nature donne là l'exemple de la restitution.

Britanniques, produit non-seulement de quoi la soutenir amplement, mais encore de quoi provoquer une exportation considérable de denrées alimentaires, et cela, sans prairies, sans cultures fourragères, sans importation de guano, de salpêtre, d'os, etc.

Nous n'en sommes pas encore là, parce que nous débutons dans la carrière où l'extrême Orient nous a précédés depuis des siècles. C'est à peine si nos terres cultivées reçoivent la moitié de la fumure qu'il leur faudrait, et il nous reste encore 8 millions d'hectares incultes. Combien de ressources négligées ou dédaignées ; combien de cours d'eau arrivent encore à la mer sans avoir rendu service à l'agriculture ou à l'industrie ; combien sont infectés par les engrais, que les villes y déversent follement ! A-t-on bien réfléchi que c'est la partie active, vivante, pour ainsi dire, de notre sol que nous rejetons ainsi avec dégoût dans nos rivières et à la mer ?

Il est temps de se débarrasser de ces répugnances mal justifiées ; il est temps que les villes les plus grandes, montrant l'exemple, s'appliquent à rendre aux campagnes, sous une forme immédiatement utilisable, toutes les richesses qu'elles en tirent.

Si tout n'est pas fait, tout non plus n'est pas à faire. La recherche des principes de fertilisation a été conduite avec une ardeur sans seconde. Vers le commencement du siècle, Humboldt signalait les îles Chinchas comme couvertes, de temps immémorial, par d'épaisses couches de fiente d'oiseaux de mer pouvant servir de succédané au fumier de ferme. Il y a vingt ou vingt-cinq ans, on mettait l'indication à profit, et l'Angleterre importait 2,880 tonnes de guano péruvien. A cette heure, l'importation européenne monte à plus de 350,000 tonnes, valant au delà de 100 millions de francs ; et les navigateurs fouillent les parages les plus reculés des océans, en quête de nouveaux gisements qui satisfassent à la consommation quand elle aura épuisé les anciens. Dans la répartition qui s'en fait, la Grande-Bretagne occupe le premier rang, elle en prend de

180,000 à 200,000 tonnes par an; ensuite, vient la Saxe; la France ne s'approprie que 50,000 tonnes.

Dans le guano, c'est l'azote et l'acide phosphorique surtout que l'on recherche; malheureusement c'est une ressource dont on prévoit la fin. Il convient d'y suppléer, en vue principalement du phosphate de chaux, base de toute structure animale. On l'a demandé aux rives du Danube, à la Russie méridionale, à l'Amérique du Sud. L'Angleterre achète 50 ou 60,000 tonnes d'os, la Saxe en achète proportionnellement davantage : toutes deux les appliquent sous la forme de superphosphate en sus du fumier de ferme. Une pratique si judicieuse, qui a permis à deux pays éminemment agricoles, de restaurer leurs terres fatiguées dans leur vigueur première, et de conquérir à la culture de vastes étendues de sol ingrat, n'a pas trouvé autant d'application en France. Cependant, les autorités les plus compétentes, MM. Dumas et Malaguti, n'estiment pas à moins de 2 millions de tonnes la quantité de phosphate de chaux nécessaire aux terres cultivées de France qui en sont dépourvues, privation qui se manifeste par des récoltes de céréales tout en herbe et donnant de moins en moins de grains.

Au reste, quand ce fait était proclamé, l'agriculture française pouvait se récrier; le guano, les ossements ne se trouvent pas en quantité illimitée ; force était de surenchérir pour en avoir, et encore! Au train dont vont les choses, les gisements de guano auront disparu dans quinze ou vingt ans ; la demande pour les phosphates n'en sera que redoublée. La découverte du phosphate de chaux fossile est venue providentiellement mettre à sa disposition une ressource en quelque sorte inépuisable. Des expériences concluantes, et adoptées par la pratique, avaient été faites dès 1850, en Angleterre. En 1856, M. de Molon signala, en France, de vastes gisements de coprolithes dans les couches du grès vert, à leur point de contact avec l'argile du Gault, c'est-à-dire à la base de la formation crétacée. L'exploitation industrielle commença immédiatement, soutenue par des encouragements directs de l'Empereur. La consom-

mation ne se fit pas attendre non plus, et la Bretagne, la Sologne, comme le Berri, remplacèrent le noir animal par cette
substance qui leur était livrée à 4 ou 5 francs les 100 kilogrammes, et qui, appliquée à la dose de 6 ou 700 kilogrammes
par hectare, donne de belles récoltes de seigle et d'avoine sur
les landes les plus arides. On exploite avec une activité toujours croissante les gisements des départements de la Meuse
et des Ardennes. La surface des bancs connus jusqu'ici occupe
environ 4,000 kilomètres carrés, et soixante-dix usines importantes broient ses nodules sans relâche; les gisements actuels
offrent à l'agriculture une ressource immense déjà, plus d'un
milliard de mètres cubes de nodules, et cependant tous les
dépôts ne sont pas connus. Au dehors, l'Espagne et la Norwége tiennent en réserve des couches non moins puissantes
de phosphate de chaux cristallisé (1).

En Angleterre, en Allemagne, c'est par les acides puissants
que l'on attaque les nodules de cette substance pour les convertir en ce que l'on appelle superphosphates. En France, on
est porté à considérer l'emploi des acides comme une dépense
inutile, dans la persuasion que ceux qui se trouvent dans le
sol ou dans le fumier, suffisent à cet effet, pourvu que le phosphate soit très-finement pulvérisé. Une expérience de dix ans
avec l'emploi annuel de plus de 100,000 kilogrammes de poudre, dans les défrichements et les terres arides des domaines
impériaux de la Sologne et de Gascogne, a donné raison à cette
manière de voir. Mais les résultats n'ont pas été à beaucoup
près aussi concluants, lorsqu'il s'est agi de terres marnées,
chaulées et fumées abondamment. Dans les sols de vieille culture, les résultats n'ont pas non plus été les mêmes : pour que
les phosphates naturels agissent promptement dans des cas semblables, il faut que ce minéral soit très-finement divisé, qu'il
soit une poudre impalpable; dès que la poudre est un tant soit
peu grosse, l'action devient presque nulle, ou du moins elle

(1) Voir les Rapports de la classe 48.

n'est plus qu'excessivement lente ; l'emploi des acides a évidemment alors des avantages certains, en permettant de fournir aux plantes le phosphate de chaux à l'état d'extrême division, de molécules sortant d'une combinaison chimique et par conséquent autrement assimilables qu'une poudre provenant d'un broyage, et par suite composée de débris cristallins plus ou moins petits, et par suite d'une dissolution plus ou moins difficile.

On a encore tenté de supprimer l'emploi des acides en transformant le phosphate de chaux des nodules en phosphure de fer, puis en phosphate de potasse ou de soude, mais l'opération est plus coûteuse, et le phosphate dans cet état de très-grande solubilité semble produire de moindres résultats.

Après l'azote et le phosphate de chaux, la potasse est ce qui importe le plus aux végétaux cultivés. Pendant longtemps, on l'a demandée aux cendres de bois, même au granit en décomposition, ainsi que nous l'avons signalé, en 1853, dans un Rapport sur l'amélioration des terres tourbeuses du comté d'Aberdeen. On aurait eu largement recours au salpêtre, si le prix n'était pas aussi élevé. M. Balard avait bien montré la possibilité d'extraire des sels de potasse moins coûteux des eaux mères de marais salants, mais on reculait devant une exploitation industrielle. La découverte de bancs épais de chlorures doubles de potassium et de magnésium à la surface des couches de sel gemme dans les mines de Stassfürt, a livré enfin aux cultivateurs l'élément de fécondité qu'ils recherchaient. Ils en ont amplement usé, principalement dans les districts consacrés à la betterave. Malheureusement nos salines ne sont pas accompagnées de ce dépôt. Toutefois, il est probable que le dépôt de Stassfürt n'est pas unique ; d'ailleurs il existe encore d'autres roches dans la nature renfermant la potasse dans un autre état. Déjà le Danemark a découvert dans le Groënland un minéral excessivement abondant et riche en potasse et commence à l'exploiter. De beaux échantillons de ce minéral figuraient dans les vitrines de l'exposition de ce pays.

Parmi les autres substances que la culture met à contribution pour compléter l'action de ses fumiers, on peut citer : le nitrate de soude, que l'on importe des côtes du Chili ; le sulfate d'ammoniaque, provenant de l'évaporation des eaux vannes des dépotoirs et des établissements de gaz ; les fucus, les varechs rejetés par la mer, les résidus de pêcheries avec lesquels on fait en Norwége et en Danemarck de véritables guanos. Les fabriques d'engrais se multiplient de toute part, recueillant tous les éléments de fertilité pour en faire l'objet d'un commerce loyal.

Que ces efforts se continuent, que, par de sages et ingénieuses dispositions, les municipalités secondent le zèle de l'industrie privée et notre sol s'enrichissant toujours, assurera à nos arrières-neveux une puissance et une prospérité auxquelles nous ne saurions croire, tant elles dépasseront ce que nous connaissons.

On peut estimer à 50 francs environ par hectare la dépense en engrais commerciaux faite par les agriculteurs de la Grande-Bretagne. En Saxe, ce chiffre va au delà ; aussi l'agriculture y est-elle plus productive. Ne perdons pas de vue cette conséquence ; tâchons d'en faire notre règle de conduite.

Les théories nouvelles ont favorisé le progrès d'une autre manière, en provoquant le développement des industries annexes. La sucrerie de betteraves a pris, dans le Nord et en Allemagne, un essor considérable. A cette belle et puissante industrie est venue se joindre la distillerie. C'est un des grands progrès de notre époque, car c'est par milliers qu'il faut compter les fermes qui ont introduit chez elles des distilleries de betteraves, au grand profit de la production et de l'amélioration des terres. Les fabrications de sucre et d'alcool n'enlèvent, en effet, de la ferme que des éléments puisés aux sources intarissables de l'atmosphère. Elles laissent à la disposition du cultivateur des résidus qui lui permettent d'avoir, à côté de la sucrerie et de la distillerie, une véritable fabrique de viande, d'augmenter dans une énorme proportion et ses fumiers et le rendement de ses récoltes, tout en enrichissant le sol, de telle sorte que la couche arable devienne le double par l'accroissement de son épaisseur de ce quelle était au temps de nos pères.

D'après ces mêmes idées, la vigne aussi s'est vue mieux cultivée, mieux fumée ; le vin a été mieux fait et est devenu plus abondant ; enfin, le vignoble a puisé aussi largement aux sources vivifiantes de la science et a participé aux progrès que faisait le reste de la culture. Des praticiens et des savants de premier ordre, cherchent à codifier et à perfectionner les procédés de la viticulture ; déjà on est parvenu à faire dans le Midi des vins naturels de Madère, de Porto et de Xerès et le génie de la science vient de fournir aux vignerons le moyen de vieillir rapidement leurs vins.

En résumé, un accroissement considérable dans le bien-être de la classe rurale, l'invention et la diffusion d'un outillage perfectionné, la mise en usage du semoir, de la faucheuse, de la faneuse, de la moissonneuse, de la locomobile, l'application de la vapeur au labourage, l'emploi de nouveaux procédés pour la fabrication du sucre et de l'alcool, l'adoption générale du principe de la restitution intégrale, la découverte de ressources naturelles facilitant la pratique de ce principe, l'extension donnée à l'instruction agricole : tels sont les grands progrès accomplis pendant les 15 ou 20 dernières années, progrès qui se sont traduits partout par des avantages matériels énormes.

L'agriculture a subi une transformation radicale, ou plutôt, elle a pris une marche décidée vers le but nouveau que la science lui a dévoilé comme le seul véritable. Quand cette transformation sera achevée, que le but sera atteint, la France pourra doubler aisément sa population.

Que faut-il pour cela ? Une diffusion plus grande de l'enseignement supérieur, des institutions de crédit plus larges et plus libérales, enfin, et peut-être par-dessus tout, une première éducation économique qui habitue à l'usage régulier et sensé de ces grands instruments de production : le capital et le crédit.

CHAPITRE V.

Accomplissons maintenant notre tâche en examinant les mérites qui se sont produits aux divers points de vue que nous venons d'envisager, et signalons à la reconnaissance publique les hommes qui se sont distingués dans la carrière agricole ; qui se sont montrés zélés initiateurs des progrès, et ont par là mérité les plus hautes récompenses.

§ 1. — Création et amélioration des domaines ruraux de la couronne
(France).

A ne juger que l'importance des améliorations et des créations, la grandeur des services rendus à l'agriculture, le Jury de la classe 74 n'a pas hésité à mettre en tête de sa liste S. M. l'Empereur Napoléon III, et on reconnaîtra bientôt que, en cela, il n'a obéi qu'à une conviction intime, au sentiment le plus strict de simple équité.

Embrassant dans une même pensée la conquête des terres pauvres et incultes, et le bien-être des populations laborieuses, S. M. a voulu, donnant elle-même l'exemple, planter le drapeau victorieux de l'agriculture dans des régions où il n'avait pas encore pénétré. Plus de 15,000 hectares de terres incultes mises en valeur, trente-neuf fermes fondées au milieu de contrées naguère presque désertes ; un nombre presque égal d'anciennes exploitations restaurées et améliorées ; un village agricole créé de toute pièce, quarante-deux maisons d'ouvriers bâties ; un troupeau de Durham importé d'Angleterre et mis au centre d'un pays d'élevage ; un troupeau de Southdown et des spécimens des meilleures races porcines anglaises, surtout de la race d'York, placés, à Vincennes, sous les yeux et à la disposition des agriculteurs ; la race mérinos de Rambouillet maintenue, progressant toujours pour ne pas déchoir, et propagée jusqu'aux extrémités du globe ; la diffusion du matériel le plus parfait, en relation avec la situation économique des pays ; tels sont les traits saillants des améliorations dues à l'initiative du souverain et exécutées d'après ses ordres directs.

Sologne. — C'est par la Sologne que S. M. a débuté dans la carrière si heureusement parcourue. Ce pays était couvert de landes et d'étangs ; la fièvre en décimait les habitants ; les communications y étaient difficiles. Il y a quinze ans, l'Empereur, séduit par la pensée de relever cette contrée déshéritée de l'état d'abandon dans lequel elle était tombée depuis nos guerres de religion, y constitua un domaine de 3,336 hectares. Les étangs furent desséchés, on draina les parties humides, on boisa les terres pauvres ; les bonnes terres marnées, chaulées ou fertilisées, dès 1859, par l'emploi généreux de phosphate fossile, se couvrirent de belles récoltes, et ne connurent plus, dès lors, ni la bruyère, ni l'ajonc qui s'en étaient emparés. Aujourd'hui, il ne s'y rencontre plus de landes ; de magnifiques prairies ont pris la place des marécages ; de vigoureux semis forestiers occupent ce qui ne valait pas la peine d'être cultivé. Trois grandes exploitations ont été ou créées ou organisées à nouveau, vingt-sept petites fermes ont été restaurées ; à ceux qui les tiennent, on a facilité l'imitation du bon exemple, en mettant libéralement à leur disposition la marne et la chaux nécessaires pour amender leur sol, et les tuyaux de drainage d'une fabrique établie tout exprès sur le domaine, pour l'assécher. Un aménagement bien entendu des bois existants et négligés jusque là, a montré le vrai parti à tirer de cette précieuse ressource. La jolie race d'Ayr, les races les plus profitables de porcs et le bélier southdown étaient introduits, tandis qu'à la ferme de Mizabran on appliquait à la race solognote pure les méthodes de reproduction et d'entretien qui ont porté les animaux domestiques de l'Angleterre à un si haut degré de perfection.

La présence et l'exemple de l'Empereur ont porté leurs fruits ; des agriculteurs d'un grand mérite ont voulu, sur leurs terres, s'associer à une œuvre si féconde en bienfaits. La vigueur et l'activité ont succédé à la maladie et à l'abandon. La contrée s'est assainie ; des chemins et des canaux offrent un écoulement assuré aux produits obtenus par une population plus nombreuse et plus forte. La Sologne a conquis assurément un aspect plus florissant qu'au temps où la cour des Valois en animait les forêts de ses cavalcades bruyantes.

Ce n'était là qu'un prélude ; Sa Majesté se préparait à dompter une nature qui n'avait jamais reconnu jusqu'ici la suprématie de l'homme. En 1857, une surface de 7,400 hectares fut acquise pour constituer un vaste domaine productif au milieu du désert de 600,000 hectares de landes qui dépare les fertiles régions comprises entre la Garonne et les Pyrénées. Dès 1858, les travaux de mise en valeur commencèrent ; cinq ans après ils étaient achevés.

Une simple énumération en fera apprécier l'importance : 89 kilomètres de clôtures, 95 kilomètres de routes et de chemins d'exploitation, 218 kilomètres de fossés d'assainissement ; 3 vastes pépinières destinées à l'essai et à la production de toutes les essences forestières et de toutes les plantes horticoles à propager dans le pays ; plusieurs millions d'arbres, — chênes-liéges, chênes rouvres, érables, arbres feuillus, et arbres résineux de toute espèce, — plantés, soit en massif, soit en bordure ; 7,000 hectares de landes ensemencées en pin maritime, par les procédés les plus divers, de façon à fournir les indications les plus concluantes à la pratique locale ; 466 hectares de landes défrichées, chaulées, cultivées et améliorées par l'emploi exclusif de la poudrette, des fumiers de ville, des phosphates et des sels minéraux, donnant lieu à l'établissement de 9 fermes éparses dans cette solitude qu'elles animent de leur activité bienfaisante ; enfin, création d'un village agricole complet, comprenant une église avec son presbytère, une mairie avec sa maison d'école et 36 maisons d'ouvriers.

Pendant que s'accomplissait cette merveilleuse transformation, et toujours depuis lors, le domaine impérial multipliait les expériences propres à éclairer le pays sur les plantes, les instruments, les méthodes, les procédés auxquels le sol, le climat et les circonstances assurent le plus grand, comme le plus prompt succès. Par d'intelligentes concessions, il attirait au centre de la commune naissante l'industrie, sans laquelle, nous pensons l'avoir solidement démontré, il n'est pas de prospérité complète. Un vaste établissement pour la distillation des résines, une scierie à vapeur, des fours à carboniser le bois se fondaient à Solferino.

Il y avait assez d'éléments pour que des familles vinssent apporter leur travail et participer aux sources de richesses récemment ouvertes. Néanmoins, afin de s'assurer toutes les chances de succès, sans toutefois intervenir en rien dans l'exercice des facultés et de l'industrie privée, de nouveaux avantages furent offerts aux colons, qui, dès lors, durent donner de solides garanties morales.

Ils eurent la jouissance d'une pièce de terre de 1ʰ 80 à 2 hectares, complétement défrichés, chaulés et fumés; plus des semences, une vache et un porc afin d'en faciliter l'exploitation dès l'entrée; et cela moyennant un loyer représentant seulement 3 pour 100 de la valeur des bâtiments; les colons recevaient en outre la promesse de devenir propriétaires de la maison, du jardin et du champ, après dix ans d'une bonne conduite non interrompue. On s'imagine aisément la promptitude avec laquelle la population accourut; la sollicitude qui lui faisait appel voulut aller encore plus loin. Afin d'encourager le travail intelligent, les bonnes habitudes, la propreté, le goût dans la tenue de la maison et de ses alentours, deux concours ont eu lieu jusqu'à cette année, et des primes en argent, accompagnées de médailles, ont été décernées à ceux qui ont le mieux cultivé leur terre, qui ont

arrangé leur jardin de la manière la mieux entendue, à ceux
dont la demeure et le ménage offrent le témoignage du bon-
heur qu'ils trouvent autour de leur foyer.

Comme nul vrai bien-être ne saurait durer, s'il n'est ac-
compagné d'un développement moral correspondant, l'Empereur voulut veiller à des intérêts d'un ordre supérieur. Une
église fut fondée, qui, par son élégance et l'économie de sa
construction, servit de modèle à plusieurs communes envi-
ronnantes. Un presbytère, une mairie et une école complétèrent
le village ; enfin la vie civile de la colonie fut consacrée par son
érection en commune, en vertu d'une loi récente.

Non loin du domaine de Solferino, un des vastes marais
que les dunes ont formé tout le long du littoral de la Gascogne,
en s'opposant à l'écoulement des eaux, le marais d'Orx, attira
l'attention de l'Empereur. Couvrant une superficie de près de
1,200 hectares, il recevait les eaux de plus de 12,000 hectares et, depuis Henri IV, c'était en vain que plusieurs fois on
avait tenté de le déssécher. Plus d'un industriel y avait com-
promis sa fortune. S. M. en fit l'achat en 1858 ; 27 kilomètres de
canaux de ceinture, d'une largeur variant entre 6 et 18 mètres,
furent ouverts pour recueillir les eaux extérieures, tandis que
celles du marais étaient enlevées au moyen de trois turbines
faisant mouvoir six pompes (chacune d'un débit de un mètre
cube par coup de piston) qui les jetaient dans un magnifique
canal navigable auquel on a frayé un passage à travers les dunes
pour aboutir au port de Cap-Breton. Le desséchement assuré,
de belles routes empierrées facilitèrent l'exploitation du nouveau domaine et le relièrent aux communes voisines ; enfin
dix-sept fermes furent construites, pour l'exploitation des terrains desséchés, dans les situations les plus favorables. Les
travaux de culture qui restent à achever se poursuivent ; avant
peu d'années, ce marais, qui n'était pour les populations d'alen-
tour qu'un foyer constant de fièvres pernicieuses, ne sera plus
qu'un immense tapis de verdure où s'engraisseront de nombreux troupeaux.

Champagne Pouilleuse. — Une autre partie de la France, que l'on a baptisée d'un nom rappelant sa pauvreté, a été l'objet de la sollicitude de Sa Majesté. On venait de fonder un vaste établissement militaire dans les plaines où l'armée d'Attila avait été anéantie. Aussi jaloux de la fécondité du sol de la France que de son intégrité, l'Empereur voulut que ces savarts arides, où rien ne rappelait que la guerre, connussent enfin les plus doux trésors de la paix. Par ses ordres, le camp de Châlons, qui ne couvre pas moins de 120 kilomètres carrés, se vit entouré de huit grandes fermes ; leurs cultures le bordent maintenant de la verdure de leurs 500 hectares de prairies artificielles et de leurs 1,500 hectares d'épis ondoyants. Là où vivaient pauvrement quelques troupeaux mérinos, on produit aujourd'hui, en quantités considérables, des grains, des fourrages, de la laine, du lait et de la viande. On y est arrivé à livrer par an à la consommation publique 210,000 kilogrammes de grains (seigle et froment) ; 20,000 kilogrammes de pommes de terre ; 60,000 litres de lait ; 50 à 60,000 kilogrammes de viande, plus une douzaine de poulains et de 18 à 20,000 kilogrammes de laine fine ; le tout ne formant pas une valeur moyenne inférieure à 200,000 francs ; et cette recette ne représente pas tout le prix des améliorations effectuées jusqu'à ce jour, puisque, chaque année, les terres s'engraissent, les troupeaux se perfectionnent en suivant les progrès de la production fourragère. Celle-ci est montée à plus d'un million de kilogrammes de foin, autant de paille, sans compter les fourrages verts et les racines ; à 275,000 kilogrammes d'avoine et 40,000 kilogrammes d'orge. Ces denrées permettent d'entretenir 66 juments poulinières, 254 taureaux, vaches et élèves, et environ 8,000 moutons, et on compte arriver en peu de temps à doubler l'effectif des troupeaux.

Le grand levier mis en œuvre pour tirer ce parti de terres crayeuses, dont la composition ingrate était empirée par une épaisseur de quelques centimètres à peine, a été le fumier de cavalerie. Depuis longtemps, Lavoisier avait démontré que le fumier et les matières fécales en contact avec la craie produisaient du salpêtre, sel éminemment favorable à la végétation. A ce compte, la présence d'un camp était une ressource précieuse mise sous la main et dont il fallait profiter comme le doit faire tout cultivateur désireux d'opérer le plus économiquement possible. On y eut largement recours et avec d'autant plus de facilité que les cultivateurs des environs ne mettaient aucun empressement à acheter ces engrais et semblaient les dédaigner; mais tout changea au bout de deux ans; les agriculteurs, en voyant les magnifiques résultats obtenus dans les fermes impériales, se ravisèrent; l'exemple avait de quoi les tenter et, par suite de leur concurrence, on vit tripler la valeur des fumiers de cavalerie.

Les fermes impériales n'en continuèrent pas moins régulièrement leur œuvre. Malgré une production annuelle de 13 à 14,000 mètres cubes d'engrais, elles achètent encore pour 35 à 40,000 francs de fumier de cavalerie par an, afin d'accroître sans cesse l'étendue de leurs cultures et l'importance de leurs produits. Tout en multipliant les expériences de nature à éclairer l'agriculture locale, elles n'ont jamais perdu de vue le but à atteindre. Elles ont évité les tours de force, les changements à vue pour s'en tenir à ce qui est essentiellement pratique et facile à imiter pour tout le monde.

Ferme de Vincennes. — Une création faite aux portes de Paris, quoique sur des proportions plus réduites, n'a pas fourni de moindres enseignements. Le bois de Vincennes changé en parc, il restait à tirer parti de la plaine inculte qui s'étend du fort aux redoutes de Joinville et de la Faisanderie. Sa Majesté voulut qu'elle fût animée par une ferme. En six mois à peine, de novembre 1858 à mai 1859, 120 hectares étaient défrichés, 100 hectares nivelés et engazonnés, pendant que s'élevaient des bâtiments d'exploitation couvrant une superficie de 2,000 mètres carrés et abritant un nombreux bétail. Et telle est la simplicité, l'harmonie des lignes, la commodité de service, l'économie d'établissement de ces constructions, que de nombreux cultivateurs, aussi bien étrangers que français, ne tardèrent pas à les imiter en tout ou en partie.

Le sol, gravier ferrugineux mélangé d'argile, se durcissant comme de la pierre à la moindre sécheresse, ou sable léger présentant aussi peu de consistance que la cendre, exigeait l'apport de masses énormes d'engrais. Au lieu de les disputer à force d'argent aux agriculteurs et aux maraîchers des environs qui en savent le prix, au lieu de recourir aux engrais commerciaux encore plus chers, quand il s'agit de les appliquer à des terres pauvres, on mit en œuvre une ressource repoussée jusque là avec dégoût. L'administration de la guerre avait toujours été obligée de faire enlever, pour le jeter ensuite à la rivière, le contenu des fosses d'aisances des forts ; elle dépensait annuellement 15 ou 20,000 francs pour détruire 15 ou 20,000 francs d'engrais. Il y avait là un préjugé qu'il fallait vaincre. La ferme obtint sans peine la concession gratuite de ce service. Depuis bientôt dix ans, elle a ainsi tiré chaque année 2 à 3,000 mètres cubes de matières solides et liquides qu'elle a employées à la fertilisation de ses terres, élevant celles-ci à la première qualité, tandis qu'elle a épargné à l'État une dépense de 150 à 200,000 francs et qu'elle a livré au marché environ 500,000 francs de denrées de consommation. Là où rien ne pouvait venir, où il n'y avait que des ronces et des bruyères, elle est arrivée à obtenir des luzernières magnifiques, de plantureux champs de choux et de betteraves et de riches moissons de céréales; elle entretient 7 chevaux de travail, 100 vaches laitières, 600 moutons southdown, 15 à 20 porcs de race d'York pure, et elle a fourni des centaines de représentants de ces races perfectionnées à la France et aux colonies. Elle donne surtout un exemple frappant de ce que les villes pourraient répandre de richesses, au moyen des sources de fertilité dont elles ne s'occupent qu'avec répugnance.

Autres domaines. — Sur un terrain tout différent, dans les montagnes granitiques du Limousin, la même sollicitude pour les intérêts actuels du pays ont fait changer en 1861, l'ancienne jumenterie de Pompadour en un domaine consacré à une exploitation agricole ayant le bétail pour objet. Des drainages ont assaini le sol que l'extension des irrigations a fertilisé ; enfin un troupeau de race Durham pure a été importé en vue de favoriser la production de viande dans cette région d'herbages. Toutefois, la belle race du pays, loin d'être négligée, reçoit tous les soins destinés à l'améliorer encore, mais par elle-même. Au contraire le bélier southdown est mêlé à un troupeau de brebis indigènes et, de ce croisement, il résulte des produits qui donnent le double de la laine obtenue d'ordinaire et le double de viande à l'âge de quinze mois.

Les créations ne faisaient pas oublier à l'Empereur les établissements utiles déjà bien connus. Il a continué, à Rambouillet, l'œuvre de Louis XVI et de Napoléon Ier. La bergerie a été reconstruite, considérablement agrandie, la ferme a été restaurée, et le troupeau a vu encore croître sa renommée. Jamais amélioration ne fut plus féconde en résultats, et persévérance mieux récompensée. Notre agriculture nationale doit à Rambouillet une impulsion des plus vives, comme beaucoup de cultivateurs du pays lui doivent leur fortune ; mais là ne s'arrête pas cette action bienfaisante. La Suède, l'Allemagne, l'Autriche, la Russie, en Europe ; la colonie du cap de Bonne-Espérance, en Afrique ; toute l'Amérique du Sud, Haïti, le Canada, l'Australie et la Nouvelle-Zélande viennent à l'envi chercher là des reproducteurs, en bénissant le nom de la France qui leur a préparé un si puissant élément de prospérité.

Enfin, près de la résidence de Saint-Cloud, la ferme impériale de Fouilleuse, qui comprend 76 hectares, reste, ainsi que tous les autres établissements agricoles de la Couronne, ouverte aux inventions et aux essais de toute nature. A différentes reprises, cette ferme, de même que celle de Vincennes, a été mise à la disposition des grands concours agricoles, et dernièrement encore le Jury de la classe 74 y faisait l'épreuve des faucheuses et des moissonneuses et y ouvrait un concours de labourage à la vapeur.

Non-seulement, en effet, les établissements créés par l'Empereur ont eu pour but la mise en valeur de vastes terrains incultes, mais ils ont encore reçu la mission de faire connaître et de propager les meilleurs instruments, d'expérimenter les procédés de culture signalés comme susceptibles d'accroître la prospérité générale. Les semoirs en ligne, les herses, les houes perfectionnées, les meilleurs brise-mottes, les scarificateurs, les faneuses, les râteaux à cheval fonctionnent dans ces fermes depuis plusieurs années et certaines d'entre elles ont déjà commencé à moissonner et à faucher avec la machine de Mac-Cormick et celle de Wood. Il n'est pas d'engrais, de méthode, d'invention qui soit repoussée, sans toutefois compromettre l'objet principal, qui est de donner le bon exemple d'une exploitation économique fournissant des résultats avantageux. Mais aussi, les fermes ont résisté à ces entraînements, qui, pour flatter les yeux ou l'imagination, compromettent les résultats assurés par une conduite sage et montrent au pays ce qu'il doit bien se garder de prendre pour modèle. Dans les champs, on n'a pas visé non plus à l'extraordinaire, on n'a pas demandé du blé à une terre qui ne pouvait donner que du seigle. Grâce à cette marche modeste, mais prudente, on a atteint des résultats que de simples particuliers ne dédaigneraient pas. Le domaine des Landes vaut le double de ce qu'il a coûté, la ferme de Vincennes rapporte plus de 5 pour 100 du capital engagé en constructions, défrichements et valeur de la terre. Les fermes du Camp de Châlons ont donné l'an dernier 42,000 francs d'excédant de recettes, toutes dépenses payées; le domaine de Pompadour produit en sus de son loyer un excédant de recettes en rapport avec le capital engagé dans son exploitation.

Pour suffire à cette double tâche de donner à la fois des enseignements et un modèle à imiter, les fermes ne se sont

écartées d'aucune des règles de l'agriculture rationnelle.
L'économie la plus sévère préside à l'organisation du personnel, l'ordre règne au dedans comme au dehors. Grâce à un
système de comptabilité très-simple, toutes les opérations
sont l'objet d'un contrôle incessant; rien n'échappe à la direction centrale. D'un autre côté, la plus grande émulation stimule
les agents. Tous sont intéressés à la prospérité des établissements dont ils font partie, car tous participent aux béné-
fices. Chacun d'eux dans sa petite sphère, outre la récompense
due à son travail habituel, est appelé à en recevoir d'autres
d'un caractère honorifique. Des concours fréquents ont lieu
entre les fermes d'un même domaine, des jurys sont nommés,
afin d'avoir plus de garanties d'impartialité, parmi les personnes
étrangères à l'administration, et des récompenses sont décernées au nom de l'Empereur, avec des livrets de caisse d'épargne, aux chefs de culture dont la ferme est la mieux régie, à
ceux qui se sont distingués par la confection de leur fumier,
la propreté de leurs bâtiments, aux vachers qui ont le mieux
soigné leur troupeau, aux meilleurs bergers, aux laboureurs
les plus habiles, à ceux qui ont montré le plus d'adresse
dans l'emploi des nouveaux instruments.

Tels sont, esquissés rapidement, les services multiples rendus directement à l'agriculture par l'Empereur ; jamais, on
peut le dire, souverain ne fit autant pour elle. C'est dans les
pays les plus pauvres, sur les terres les plus ingrates, au milieu des difficultés amoncelées que Sa Majesté a voulu donner
des exemples pratiques pour hâter le progrès et la mise en
valeur de ces vastes surfaces improductives qui font tache
dans notre pays, et relever par le travail de la terre des populations étiolées ou délaissées jusque-là. Dans une solennité,
à laquelle ont été conviés tous les peuples, on a cru juste d'en
rendre un éclatant témoignage en accordant, à l'unanimité,
à l'Empereur Napoléon III un grand prix pour ses créations
agricoles, et un certain nombre de récompenses aux personnes
qui ont concouru à l'exécution de ces magnifiques travaux.

§ 2. — Haras impériaux d'Autriche.

S. M. l'empereur d'Autriche a rendu, à la cause du progrès
agricole, des services de premier ordre. Les perfectionnements
notables apportés à l'enseignement agricole, corroborés par
l'exemple d'améliorations pratiques, une vive et féconde impulsion donnée à l'élevage du cheval, appelaient une distinction
de même ordre. On a pu admirer les spécimens exposés par les
haras impériaux, et nous laissons au Rapporteur de la classe 75
le soin de signaler plus longuement l'étendue des obligations
de l'agriculture envers l'empereur François Joseph.

§ 3. — Exploitations particulières (France).

Parmi les notabilités agricoles qui ont pris part à l'Exposition, il n'en est pas qui ait rallié des suffrages aussi unanimes
que M. Decrombecque, cultivateur à Lens (Pas-de-Calais).

M. Decrombecque est l'un des plus anciens pionniers de
l'agriculture progressive. Depuis quarante ans, il poursuit son
œuvre, et, à l'heure présente, loin de se croire arrivé, il
accueille avec ardeur toutes les idées neuves qu'il croit susceptibles de donner de bons résultats. Doué d'un grand sens
pratique et de la persévérance indispensable aux entreprises
de longue durée, comme celles de l'agriculture, M. Decrombecque a pénétré, dès le début, le parti à tirer de la terre
qu'il cultivait et qui embrassait 400 hectares de sol pauvre, léger, peu épais ; heureusement on y retrouvait l'élément calcaire, ou bien, s'il venait à faire défaut, des couches de marne
peu profondes, permettaient d'y suppléer aisément. Ce qu'il
fallait donc à ce terrain pour devenir fertile, c'était du fumier en abondance. Si marner était facile, il n'en était pas de
même pour fumer. M. Decrombecque rechercha tous les éléments fécondateurs placés à sa portée, entre autres les pulpes

de betteraves vendues alors à bas prix par les sucreries des environs de Lille. L'examen des betteraves qu'il produisait lui-même le conduisit à fonder à son tour une sucrerie à laquelle il annexa bientôt une raffinerie. Résidus de fabrication, marne, terre sèche, paille, etc., etc., étaient recueillis par lui avec soin, et il arriva ainsi à produire annuellement 7 millions et demi de kilogrammes de fumier et de compost terreux, correspondant à une fumure de 21,000 kilogrammes par hectare et par an, c'est-à-dire le quadruple de la dose moyenne affectée en France aux terres cultivées. A cela, viennent s'ajouter régulièrement 20 à 30,000 kilogrammes de guano, de tourteau et de noir animal, de telle sorte, que le terrain, recevant deux ou trois fois ce qui lui est enlevé par les récoltes, on s'imagine la transformation éprouvée par la plaine de Lens sous un traitement aussi libéral combiné avec des travaux de labour et de défoncement habilement conduits. 100 hectares, cultivés en betteraves, rendent en moyenne 50,000 kilogrammes par hectare, les blés donnent de 35 à 45 hectolitres aussi par hectare ; les avoines, 100 hectolitres. En outre, les pulpes livrées par la fabrique suffisent à l'engraissement de 4 à 500 têtes de gros bétail chaque année.

Mais autant M. Decrombecque s'est montré large pour les dépenses en engrais qui accumulent dans le sol une provision croissante de fertilité, autant il a porté d'économie dans celles qui disparaissent avec le produit porté au marché et celles qui s'appliquent aux constructions et à la main-d'œuvre ; les bâtiments sont simples, présentant, du reste, tout le confortable nécessaire aux animaux pour une parfaite santé et un prompt engraissement. En faisant des édifices une partie accessoire, M. Decrombecque a donné un utile enseignement. Que l'on juge de ce qu'il serait advenu de la plaine de Lens, si, séduit par le désir de frapper par des apparences trompeuses, il avait engagé à construire une ferme grandiose les capitaux qu'il a consacrés à l'acquisition d'une masse énorme d'engrais ? Le fastueux monument s'élèverait encore au milieu du désert, car il aurait absorbé ce qui devait convertir en une vaste oasis cette plaine inculte.

Quant au travail, il s'accomplit par les moyens les plus économiques que la science des constructeurs puisse mettre aux mains de la pratique. Les céréales sont semées en ligne. Toute la terre est mise en billons, ce système qui; appliqué, en Écosse, aux turneps y a produit une si grande transformation. L'alimentation des animaux, tous les services accessoires de la ferme, se font de manière à en réduire le prix de revient au taux le plus bas possible.

Les travaux, les succès agricoles de M. Decrombecque sont connus et appréciés du monde agricole tout entier. Ils lui ont valu une grande fortune, puis les plus flatteuses distinctions : la décoration de la Légion d'honneur, il y a vingt-cinq ans, plus récemment la prime d'honneur agricole d'un département où il avait pour concurrents des hommes comme M. le marquis d'Havrincourt, le regrettable M. Hary, M. Pilat, l'engraisseur bien connu ; dont chacun pourrait se mesurer avec les cultivateurs les plus renommés de l'Angleterre. Une carrière si longue et si bien remplie devait aussi trouver sa récompense à l'Exposition Universelle.

A une autre extrémité de la France, dans une région qui a toujours joui d'une grande réputation au point de vue agricole, nous trouvons un homme dont le nom signifie honneur et dévouement, et dont la belle existence a été consacrée sans trêve à l'industrie, à l'agriculture et à la science tout ensemble. On a reconnu à ces traits M. Schattenmann, directeur des mines de Bouxwiller, président du comice agricole de Saverne.

M. Schattenmann a mis vivement en lumière ce que peuvent le véritable savoir et l'esprit industriel, mis au service de l'exploitation d'un domaine rural. Il a opéré sur une centaine d'hectares de pauvre sol appartenant, pour la plus grande partie, au grès bigarré, d'un travail pénible, ingrat et sensible aux moindres intempéries. Pas de chemins ; une culture récoltant avec peine un peu de seigle, des pommes de terre, un foin acide, suffisant au plus à maintenir un bétail rare et maigre, voilà ce qu'il a trouvé à Thiergarten. Comme M. Decrombecque, c'est en s'attachant à se procurer le plus d'engrais possible que M. Schattenmann est parvenu à produire des récoltes luxuriantes, à créer de plantureuses luzernières, à avoir des colzas, du tabac et des houblons magnifiques. Tout cela, il le doit au fumier de ferme mieux soigné, aux matières de la fosse d'aisance des écoles de Bouxwiller, aux résidus de sa fabrique de prussiate de potasse. Il n'est pas une ressource de ce genre que M. Schattenmann ait volontairement laissé se perdre, et il en est arrivé à douer sa terre de Thiergarten d'une fertilité qui ne diffère pas beaucoup de celle que nous avons reconnue à la plaine de Lens. Ses bâtiments, élevés d'après un plan bien conçu, ont peine aujourd'hui à contenir le bétail qu'il peut nourrir et les récoltes qu'il tire de ses champs.

Les résultats les plus flatteurs n'ont pas manqué non plus aux efforts persévérants de M. Schattenmann, et, en 1865, la prime d'honneur du département lui était décernée aux applaudissements unanimes de la population.

Viticulteur aussi distingué qu'agriculteur judicieux et habile, il a, en outre de la vigne, porté sa science sur le houblon, et les deux plantes se sont étendues et ont prospéré grâce à ses inventions et à ses méthodes.

Enfin, M. Schattenmann réunit à tant de titres celui de savant ; l'un des premiers, il a fait connaître l'action des sels ammoniacaux dans la végétation ; il a publié de nombreux mémoires sur l'agronomie, sur les fosses à fumier, sur la vigne, le houblon et sur le tabac. Quatre-vingt-cinq ans ne lui ont rien enlevé de son activité prodigieuse, et, dès qu'il s'agit du bien public, on le trouve toujours au premier rang. Il n'a pas manqué de se présenter à Billancourt, où il a vu ses services appréciés comme ils le méritent.

Nous trouvons ensuite d'autres représentants de cette magnifique agriculture du Nord, qui, par ses procédés, comme par
ses produits, se place au-dessus de l'agriculture des pays
les plus avancés. Ce sont M. Fiévet, à Masny (Nord), lauréat
de la prime d'honneur de son département, et M. Hary, à
Oisy-le-Verger (Pas-de-Calais); leurs fermes montrent les mer-
veilleux résultats de la culture industrielle de la betterave, de
cette culture qui, limitée à l'exploitation du sucre et de l'alcool, d'une part, de la viande grasse, de l'autre, rend à la terre,
par ses composts, ses fumiers, ses irrigations au moyen d'eaux
de lavage et de défécation, ses apports de phosphate et d'autres
engrais commerciaux, tous ses principes de fertilité, et qui, loin
de l'épuiser, lui assure la vigueur nécessaire pour répondre à
des exigences croissantes. Les travaux agricoles de M. Fiévet
ont été déjà décrits dans un ouvrage publié par M. Barral.
Quant à l'application des eaux, provenant du lavage et de la
distillation de la betterave, à la culture arable, due à M. Hary,
il en sera parlé plus loin par un de nos collègues.

Il est impossible de parler de la distillation sans qu'aussitôt
le nom de celui qui l'a rendue praticable pour les exploitations
agricoles ne se présente à l'esprit. M. Champonnois a rendu,
par ses procédés, un des services les plus signalés à l'agriculture.

§ 4. — Perfectionnement du matériel agricole (Grande-Bretagne).

Parmi les personnes qui ont le plus contribué à munir l'agriculture des moyens les plus puissants d'action, on doit signaler MM. Allen, Ransomes et Cie, d'Orwell-Works, à Ipswich
(Angleterre), et MM. James Howard, à Bedford.

Ces deux maisons n'ont pas seulement fourni à l'Angleterre, à la France, à l'Allemagne les types des meilleurs instruments aratoires, des machines les plus perfectionnées, elles
les ont propagées dans toutes les parties du monde.

La maison Ransomes est la plus ancienne comme la plus méritante; fondée en 1785 par Robert Ransomes, ce ne fut d'abord qu'une modeste forge; aujourd'hui elle est devenue une usine couvrant de ses toits noircis un espace de 5 hectares, et employant plus d'un millier d'ouvriers. Il a été déjà parlé des obligations de la culture envers l'usine d'Orwell pour son soc aciéré; en dehors de ses beaux instruments aratoires, ses machines à battre, ses locomobiles, ses coupe-racines, ses hache-paille, ses moulins et ses concasseurs, lui ont mérité tous les suffrages du Jury. Disons que c'est à Orwell que John Fowler a fait exécuter les diverses modifications de son appareil de culture à vapeur; c'est là qu'a eu lieu ce long et coûteux enfantement, grâce au désintéressement de Ransomes, qui a mis, à la disposition de l'inventeur, et ses ateliers, et, plus encore, son expérience éprouvée de constructeur. La fabrication atteint, à Orwell-Works, un chiffre énorme, premier indice d'une confiance inspirée universellement.

Ajoutons enfin qu'Orwell-Works offre un véritable modèle de ce que le génie inventif du mécanicien peut faire pour amoindrir la fatigue de l'ouvrier et mettre en jeu les ressources de son intelligence. Grâce à la généreuse philanthropie du maître, les ouvriers ne forment eux-mêmes qu'une famille qui possède des écoles, une bibliothèque, un corps de musique, des salles de conférence, etc., etc. On peut avancer sans exagération, que, plus que personne, MM. Ransomes ont contribué au progrès agricole dans l'univers entier.

MM. Howard frères viennent ensuite. Leurs services sont moins anciens; ils ne laissent pas, toutefois, d'être considérables. C'est surtout aux instruments de labourage, charrues, herses, etc., que leurs efforts se sont appliqués avec succès; ils ont, de leur côté, découvert et mis dans la pratique un système de labourage à vapeur. On n'a pu que regretter leur absence au concours, où MM. Jarry et Kientzy se sont empressés de venir avec une piocheuse à vapeur au perfectionnement de laquelle ils ont travaillé et travaillent encore avec une ardeur et une persévérance dignes d'éloges.

Ainsi que nous l'avons dit, l'une des machines les plus utiles et les plus profitables à l'humanité, en ce qu'elle supprime un travail pénible et dangereux, est certainement la moissonneuse. Lente à se propager à cause de son maniement difficile et de réparations fréquentes, elle s'est présentée cette fois dans des conditions qui enlèvent toute hésitation.

§ 5. — Moissonneuses. M. Mac Cormick (États-Unis).

L'homme qui a le plus travaillé à la généralisation, au perfectionnement, à la découverte de la première machine pratique est assurément M. Mac Cormick, de Chicago (Illinois). C'est en 1831 que cet ingénieux et persévérant inventeur construisit les premières machines de ce genre, ébauches informes livrées à l'essai; en 1840, il obtint des commandes commerciales, mais ces années étaient encore assez laborieuses, pour que, en 1850, les ventes n'arrivassent qu'au chiffre total de 4,451. A partir de là, en revanche, le progrès s'accéléra ; de 1850 à 1860, les ventes montèrent à................. 33,700
et de 1860 à 1867, à....................... 48,200
_____
Soit un nombre total de.................. 81,900 (1)
représentant une valeur de 55 millions de francs. Dans toutes les Expositions Universelles, le premier prix a été décerné à cet admirable instrument, et cette fois, à Vincennes comme à Fouilleuse, dans les conditions les plus difficiles, son triomphe a été complet. C'est autant comme bienfaiteur de l'humanité que comme mécanicien habile, que M. Mac Cormick a été jugé digne de la plus haute distinction de l'Exposition.

M. Walter A. Wood, à Hoosick Falls (État de New-York), a

_____
(1) 81,900 machines pour l'Amérique seulement, et, de plus, 10,000 machines fabriquées et vendues en Europe.

suivi de près les traces de M. Mac Cormick, pour la construction et le perfectionnement de la faucheuse mécanique. La première, date de 1848, mais les ventes ne commencèrent qu'en 1852, où on n'en compte que 28, tandis qu'en 1867, leur nombre a atteint 12,050 ; le total des machines vendues s'élève actuellement à 72,172. Le succès de M. Wood dans les concours a suivi de près celui de M. Mac Cormick, montrant ainsi combien leur invention répondait aux besoins actuels. Plus de 1,000 faucheuses Wood travaillent déjà en France.

En dehors de ces magnifiques applications de la science à la mécanique agricole, nous avons remarqué avec un vif intérêt la belle collection d'instruments aratoires de M. Rau de Carlsruhe, collection qui permet de suivre, depuis leur origine, la lente transformation des outils à bras en instruments de traction, de la bêche en charrue, évolution marquée du sceau caractéristique des races latines, germaniques et slaves. Cette étude consciencieuse et bien raisonnée de la marche de l'industrie humaine a été récompensée pour la lumière qu'elle jette sur le chemin des inventeurs et le guide sûr qu'elle leur offre.

§ 6. — Acclimatation de végétaux, introduction de grandes cultures (Indes Orientales).

C'est un service de tout autre nature qui a fixé l'attention sur M. Cléments R. Markham. Le gouvernement des Indes britanniques, ému de la crainte de voir, par suite de la dévastation des forêts de Quinquina de l'Amérique du Sud, disparaître le précieux fébrifuge, a chargé M. Markham d'en tenter la naturalisation dans la Péninsule du Gange. Cette généreuse pensée a été couronnée du succès qu'elle méritait, grâce au dévouement éclairé de celui qui avait pour mission de la réaliser. Aujourd'hui on compte, tant dans la Péninsule que dans l'île de Ceylan, plus de deux millions d'arbres dont l'écorce ne le cède en rien, et comme qualité et comme teneur en quinine, à celle de l'Amérique du Sud. La recon-

naissance publique associera justement, au nom de M. Mark-
ham, ses habiles et dévoués coopérateurs : M. William G. Mac
Ivor pour les Indes méridionales ; M. B. Anderson pour les
Indes septentrionales ; M. G.-H.-K. Thwaite pour l'île de
Ceylan.

Une grande amélioration du même ordre, mais d'une importance moindre, a été effectuée dans les Indes néerlandaises :
M. Hasskarl a introduit avec succès le quinquina à Java, et,
grâce aux efforts de M. de Serrière, à Batavia, la culture du
thé se propage rapidement dans la même colonie. Ces utiles
et fructueuses productions de plantes nouvelles ont valu à
chacun d'eux une distinction.

§ 7. — Travaux de desséchement (lac Fucino, Italie).

Plus près de nous, en Italie, une vaste opération de desséchement qui, par l'importance des terrains conquis et par les
difficultés à vaincre, rappelle la belle entreprise de la mer de
Haarlem, attire l'attention publique et a mérité les palmes de
l'Exposition Universelle à ceux qui l'ont conçue et exécutée (1).
Le lac de Fucino couvrait de ses eaux profondes une surface de
terre fertile de plus de 16,000 hectares. Il servait aux grandes
fêtes nautiques de Rome ; mais il répandait la fièvre au sein
des populations riveraines : déjà, sous le règne des Césars,
les Romains, qui s'y connaissaient, dans l'exécution des travaux
les plus gigantesques, avaient tenté d'en opérer le dessèche-
ment ; les restes de leurs ouvrages existent encore ; le prince
de Torlonia, aidé par d'habiles ingénieurs, conçut le projet
de reprendre les opérations qui avaient été abandonnées.
Il voit le succès couronner ses efforts, grâce à d'ingénieux travaux, et surtout au percement d'une montagne qui
s'opposait à l'écoulement des eaux ; le lac de Fucino se vide ;
son lit, fertilisé par les alluvions qui s'y sont déposées, va
pouvoir se couvrir d'abondantes moissons et de luxuriantes

(1) Voir plus loin un Rapport spécial sur le desséchement du lac Fucino.

prairies. Cette belle et pacifique conquête a fait le plus grand honneur au prince Torlonia et à ses habiles coopérateurs, MM. Henry Bermont, ingénieur en chef, directeur des travaux de desséchement, et Alexandre Brisse, sous-directeur de l'entreprise.

§ 8. — Améliorations générales.

Dans la Roumanie, le prince Stirbey a donné une grande impulsion à l'éducation du ver à soie ; il a introduit la graine milanaise, fondé une pépinière de 60 hectares de mûriers, et livré au pays plus de 400,000 plants : fondateur de la première école d'agriculture de son pays, ce grand propriétaire a introduit l'outillage perfectionné de l'agriculture. Ses services ont paru dignes d'être mis au grand jour, surtout dans un pays où l'esprit d'initiative individuelle a besoin d'être développé.

Le prince Morouzy, à Zworechtea (Roumanie), a introduit le mérinos Negretti dans son pays ; éleveur distingué en même temps qu'agriculteur zélé, la production chevaline doit beaucoup à ses efforts, et le matériel agricole perfectionné a été répandu par lui, grâce à son bon exemple. — La distillation de la pomme de terre et du maïs a reçu de lui une vive impulsion.

En Espagne, nous avons à signaler M. le marquis del Duero pour le zèle qu'il a apporté à assurer, par ses exemples pratiques, le progrès agricole. Par ses soins, on connaît à l'œuvre les instruments nouveaux, on suit le succès des croisements des races indigènes avec des races perfectionnées tirées de l'étranger. C'est surtout dans la province de Malaga que s'exerce son action bienfaisante ; il y introduit la culture des meilleures variétés de canne à sucre ; il a bâti sur un domaine plus de trente maisons de colons ; sur un autre, il a fondé une ferme-école destinée à éclairer ces populations laborieuses et intelligentes.

Citons encore les travaux du docteur Arenstein (Autriche),
et les efforts qu'il a faits, l'exemple qu'il a donné, les utiles
publications qu'il a produites pour exciter les progrès de
l'agriculture de son pays.

CHAPITRE VI.

SYLVICULTURE ET AMÉLIORATIONS FORESTIÈRES.

Il existe en France plus de 8 millions d'hectares de forêts,
et on peut estimer au tiers de la surface de l'Europe l'étendue
qui est occupée par les bois. La production ligneuse constitue
donc une branche importante de l'agriculture. Si la forêt, dans
l'état sauvage et dans une société encore mal organisée, est
abandonnée aux seules forces de la nature, parce que l'homme
trouve amplement dans l'abondance des produits la satisfac-
tion de ses besoins, il n'en est plus de même dans les contrées très-peuplées et arrivées à un certain état de civilisation.
Le besoin de cultiver la terre pour nourrir les populations et
leur fournir le vêtement oblige l'homme à embrasser dans sa
culture des surfaces de plus en plus grandes, et à livrer à ses
troupeaux croissants des parcours de plus en plus étendus. Il
défriche d'abord les bonnes terres occupées par les bois, qui
tombent sous la cognée ; peu à peu les bois se trouvent re-
foulés sur les terrains d'une culture difficile, sur les pentes
raides, sur les sommets glacés et dans les terrains les plus
pauvres. Afin d'en tirer un utile parti, l'homme est obligé
d'exercer son industrie, de créer la sylviculture. Les hommes
qui consacrent leur existence à l'amélioration des méthodes
d'exploitation du sol forestier, qui découvrent les meilleurs
procédés pour l'ensemencement des terres pauvres ou incultes, qui trouvent les moyens d'accroître le produit net et le
produit brut de nos bois, qui, par leurs recherches, élèvent
les procédés de la culture des bois au rang d'une industrie, qui
enfin, au lieu de formules empiriques, donnent à l'art d'amé-

nager les forêts des principes, ces hommes méritent assurément la reconnaissance publique. A ces titres, M. Chevandier
de Valdrôme, de Cirey (Meurthe), se recommandait naturel-
lement à l'attention. Depuis longtemps, en effet, M. Chevandier de Valdrôme a traité de main de maître les questions
les plus importantes de la sylviculture ; il a eu le mérite de
chercher les moyens d'introduire la précision et les données
scientifiques dans les questions de cette branche importante
de production, et il est parvenu à fixer les premières bases de
la statique chimique des forêts.

Ses premiers travaux ont eu pour objet de substituer aux
mesures toujours incertaines des bois en volume leur évalua-
tion en poids à l'état de dessiccation absolue; puis il a déter-
miné la quantité de carbone, d'hydrogène, d'oxygène et
d'azote contenue dans un stère des divers bois indigènes, et il
a établi quelle était la puissance calorifique de ces mêmes
bois. Il a fait voir enfin ce qu'un hectare de forêt, dans les
conditions ordinaires, produit en France, chaque année, en
bois vert, en bois sec, en principes élémentaires et en puissance calorifique ; ses expériences, longues et coûteuses, lui
ont ainsi permis de discuter les diverses méthodes d'exploitation en usage. Enfin, il a mis en évidence deux ordres de
faits nouveaux ; il a constaté que les amendements et les
engrais peuvent intervenir avec profit dans la culture des
jeunes forêts, et que les irrigations ou les retenues d'eau dans
les terrains en pente favorisent à un haut degré la croissance
des arbres de tout âge. M. Chevandier ne s'est pas d'ailleurs borné à de simples recherches : pendant trente ans, il a
mis en pratique les résultats de ses observations et de ses
expériences dans des forêts considérables. Ses travaux ont
fait école non-seulement chez les propriétaires, mais encore
dans l'administration forestière.

M. Chevandier de Valdrôme a joint à ses beaux travaux de
sylviculture le mérite d'avoir créé, sur des terrains de défri-
chement, dans l'arrondissement de Sarrebourg, une belle

ferme où il a donné l'exemple de l'assainissement des terres humides par le drainage, et de l'utilisation des eaux disponibles par la création de 24 hectares de prairies arrosées.

De 1860 à 1863, d'importants travaux d'endiguement et d'assainissement ont été exécutés dans le gouvernement de Voronéje (Russie), sous l'habile impulsion du général de cavalerie Grünwald, auquel l'administration des Haras de la Russie est redevable de nombreux perfectionnements. La rivière de Khrenovaya avait un cours irrégulier ; ses rives étaient marécageuses ; ses inondations, alternant avec des sécheresses excessives, compromettaient l'existence du célèbre Haras, fondé sur ses bords, par le comte Alexis Orloff. Des travaux d'endiguement, de rectification et d'approfondissement de la Khrenovaya furent exécutés avec un plein succès sur une étendue de plus de 5 kilomètres ; les prairies marécageuses qui bordaient son lit ont été assainies ; les herbes malsaines ont fait place aux bonnes graminées ; la rivière roule régulièrement et sans plus causer de désastres, et la santé est revenue aux habitants. M. Vibranowsky s'est distingué par ces utiles travaux qui ont coûté plus de 100,000 francs.

Les opérations de ce genre rappellent à la pensée les belles conquêtes faites sur nos côtes dans les départements du Nord, et qui ont accru la fertile Flandre de ses plus riches districts, les Watteringues et les Moëres.

Des commissions, dont les membres sont élus par les intéressés, sont chargées de veiller à la conservation de tous les ouvrages qui assurent le desséchement et l'assainissement de ce vaste territoire. Elles fonctionnent parfaitement, et la plus grande harmonie ne cesse d'exister entre les associés. Elles ont non-seulement amélioré le desséchement, mais elles ont fait de nombreuses routes empierrées pour rendre le transport des denrées plus facile et plus expéditif. Les membres de ces commissions ne sont pas rémunérés ; il est des présidents qui ont consacré vingt et trente ans à l'exercice de leurs fonctions. Dans un pays où, comme en France, les associations libres d'agriculteurs pourraient rendre de si grands services pour l'assainissement aussi bien que pour l'arrosage, le reboisement, etc., il a paru bon d'encourager de semblables institutions et de signaler les services de ceux qui se vouent à leur succès.

Dans la même contrée, une mention est aussi due aux belles opérations qui avaient pour but la fixation de sables mouvants et qui ont eu pour résultat le reboisement des dunes près de Boulogne par M. Adam; de même les belles cultures de fourrages et autres végétaux créées par M. Malo dans les dunes des environs de Dunkerque ne doivent pas non plus être omises.

Arrivés à ce point de notre tâche, il nous reste à signaler les services rendus à l'agriculture par la découverte et la fabrication des substances propres à augmenter les engrais de nos fermes.

CHAPITRE VII.

TRAVAUX SUR LA PHYSIOLOGIE VÉGÉTALE, DÉCOUVERTE ET FABRICATION DES ENGRAIS.

Si nous avions à parler des savants qui ont contribué à l'avancement de l'agriculture dans cette voie, la liste en serait grande, et nous aurions à citer les noms de tous les maîtres de la science, car tous ont voulu contribuer au progrès de cette industrie nourricière de toutes les industries. Nous nous bornerons à indiquer les faits que l'Exposition elle-même nous a montrés, et qui rentrent dans l'examen de la classe 74 : or, parmi les travaux de cet ordre, il n'en est pas qui aient mérité autant de suffrages que les belles recherches dont les résultats ont été présentés par le docteur Hellriegel, directeur de la station chimique de Dahme, province de Magdebourg (Prusse); M. Hellriegel a suivi les traditions de son maître, M. Stoeckhard, l'habile professeur de chimie agri-

cole à l'académie de Tharand (Saxe). Ce jeune chimiste s'est
demandé s'il ne serait pas possible de déterminer exactement
la quantité de chacune des substances qui entrent dans la composition des plantes, et qui est nécessaire, dans chaque sol de
composition déterminée, pour avoir une récolte connue à l'a-
vance ; il a cherché à savoir, en un mot, ce qu'il faudrait donner
à chaque sol pour avoir telle récolte de blé, telle récolte d'orge
ou telle récolte de fourrage. Avec son sage esprit d'investiga-
tion, sa grande habileté d'expérimentateur et une patience
éprouvée, M. Hellriegel s'est mis à l'œuvre ; pendant huit ans
il a travaillé sans relâche ; des centaines d'analyses de plantes
ont été faites ; il est arrivé à produire des plantes d'orge de la
grosseur et du développement qu'il a voulu, en variant les
doses et les proportions relatives des sels minéraux employés.
Les résultats consignés dans les cadres qu'il a exposés avec
des échantillons de plantes d'orge, obtenus dans des conditions bien déterminées de sol et de fumure, ouvrent un horizon
nouveau à la chimie agricole, et montrent l'importance du
service rendu et de ceux que pourra rendre encore M. Hellriegel, en poursuivant ses recherches.

L'impulsion donnée par la chimie à l'agriculture a amené
une très-grande activité dans la fabrication des engrais et l'exploitation des ressources minéralogiques du sol. Nous avons
déjà dit tout ce que l'agriculture doit à M. Demolon pour la
découverte en France des gisements de phosphate de chaux
naturel ; à M. Frank, en Prusse, pour l'exploitation de la potasse des bancs de sel de Stassfurth. Nous avons à signaler
encore les travaux de M. Jules Gindre, à Iatxou (Basses-
Pyrénées), pour son exploitation de feldspath-engrais. Des recherches sur des vieux mortiers faits avec des sables feld-
spathiques et sur l'état du feldspath des parois des fours
à chaux d'Iatxou, creusés dans la pegmatite, amenèrent
M. Gindre à reconnaître que ces mortiers et ces roches étaient
riches en sels solubles de potasse et favorisaient énergique-
ment la végétation, employés à la dose de 2,500 à 3,000 kilo-

grammes par hectare. Cette découverte conduisit son auteur à en chercher l'application pratique et à fabriquer un engrais riche en potasse. Pour faire son engrais, M. Gindre soumet le feldspath à une espèce de cémentation par la chaux, la cémentation s'arrêtant au point où commencerait une perte de potasse; par suite de cette cémentation, sous l'influence des agents atmosphériques, il y a désunion des éléments du feldspath et formation de nitrate et de carbonate de potasse, sels qui sont éminemment favorables à la végétation : le feldspath-engrais de M. Gindre étant en poussière, cette décomposition définitive se continue progressivement jusqu'à destruction complète du silicate alcalin. Chaque grain de feldspath se kaolinise peu à peu en donnant naissance à de l'argile, à des sels solubles de potasse et à de la silice gélatineuse : cet engrais opère pendant sept à huit années, par suite de son mode de décomposition; il est surtout convenable pour la vigne.

Nous devons encore mentionner l'exploitation du banc de calcaire salpêtré de la Belgique comme une découverte heureuse et une indication susceptible, pour l'agriculture, de quelque application.

La fabrication des engrais a pris une très-grande extension; grâce à l'expérience du passé, elle s'est considérablement améliorée et le commerce surtout est devenu plus loyal. Parmi les fabriques d'engrais qui ont rendu le plus de services à l'agriculture, on ne peut s'empêcher de mentionner la maison de l'honorable M. Kuhlmann, de Lille, qui, à une grande habileté commerciale, joint les qualités d'un savant éminent. Il convient de signaler aussi les efforts de M. Rohart pour transformer en engrais d'un transport facile les résidus des grandes pêcheries de la Norwége. De nombreux et très-louables efforts ont été faits aussi pour désinfecter les matières des fosses d'aisances, les rendre d'un transport économique, de façon à empêcher les grandes cités de les détruire au préjudice de l'agriculture. M. Gargan a imaginé un mode facile de transport, un wagon spécial pour les expéditions des matières par chemin de fer. Des citernes bien conditionnées reçoivent les engrais dans les gares de distribution. Les cultivateurs viennent les prendre au tonneau. Un service de cette nature est établi sur la ligne de l'Est et a déjà bien mérité de l'agriculture. M. Renard, qui transforme l'engrais des fosses en briquettes solides, d'un transport facile, a droit aussi à des encouragements. MM. Blanchard et Château, à Paris, ont également été distingués pour leur procédé d'utilisation et de concentration des matières utiles des vidanges. MM. Blanchard et Château, en faisant intervenir dans les fosses l'acide phosphorique, la magnésie et l'oxyde de fer, fixent l'ammoniaque au fur et à mesure qu'il se produit; après la dessiccation à l'air libre, il reste pour résidu un engrais pulvérulent qui renferme toute la richesse agricole de la vidange et une quantité assez considérable d'acide phosphorique à l'état de phosphate ammoniaco-magnésien, lequel, d'après les expériences de M. Boussingault, serait le plus efficace de tous les engrais connus. L'hygiène des villes, comme le constate avec sa grande autorité M. Dumas, et la prospérité des campagnes trouveraient donc un profit égal à l'adoption d'un procédé de ce genre.

Ajoutons qu'il y a là, ainsi que dans l'emploi agricole des eaux d'égout et des eaux courantes, un vaste programme d'améliorations qui reste à remplir.

CHAPITRE VIII.

CONSERVATION DES GRAINS.

La période de crise alimentaire que l'Europe traverse en ce moment est une nouvelle leçon donnée à l'imprévoyance humaine. Elle nous montre qu'il ne suffit pas de savoir produire; il faut encore savoir aménager convenablement les denrées quand les conditions climatériques sont favorables et nous

permettent d'avoir une grande abondance : or, un simple coup
d'œil jeté sur le mouvement du prix des denrées pendant une
période de soixante-dix ans, nous fait voir que les bonnes et
les mauvaises années se succèdent à peu près périodiquement.
Les périodes sont de quatre ou cinq ans, quelquefois de trois
ans ; très-rarement il y a seulement deux années bonnes qui
se suivent et sont suivies de deux mauvaises. Sans doute les
progrès de la culture, l'amélioration des terres, les fumures
intensives peuvent diminuer les chances de mauvaise année,
faire perdre aux éventualités climatériques la toute-puissante
influence qu'elles exercent sur les cultures mal soignées, ou
faites dans des terres pauvres ou mal fumées, mais jamais on
n'en supprimera totalement les effets. La prudence commande
donc de conserver les denrées dans les années de grande abondance pour les mettre sur le marché dans les périodes de déficit
de récoltes ; tous les efforts faits pour fournir à l'agriculture
ou au commerce des moyens propres à conserver les grains
économiquement, sans beaucoup de manutention contre les
ravages des insectes et sans leur faire perdre de leur valeur,
sont dignes d'encouragements. Nous devons à la mémoire de
M. Doyère, professeur de l'ancien Institut Agronomique de
Versailles, de rappeler ici à la reconnaissance publique les
longues recherches qu'il a faites pour atteindre ce but. Citons
également les efforts de M. le Dr Louvel.

M. Haussmann père a exposé à Billancourt un spécimen
complet de greniers conservateurs : en offrant aux agriculteurs
et surtout au commerce des appareils qui permettent de garder
des céréales dans une atmosphère d'azote, en quelque sorte
indéfiniment, sans manutention, sans crainte d'incendie ou de
vol, et sans que les grains puissent perdre de leur qualité ou
de leur poids, comme nous avons pu nous en convaincre à la
boulangerie centrale de Paris, sur des froments emmagasinés
depuis 1863, M. Haussmann père a rendu un service dont on
a reconnu toute l'importance.

Ici s'arrête notre tâche ; nous aurions voulu entrer dans de plus grands développements, en signalant les résultats matériels qui ont suivi, dans chaque contrée, les progrès de l'agriculture, mais le temps comme les documents complets nous ont manqué. Si nous avons fait comprendre les traits principaux qui caractérisent le mouvement agricole de notre époque, la grandeur de la réforme introduite par la science et corroborée par la pratique dans l'art agricole, et la prospérité qu'elle nous prépare, notre but aura été suffisamment atteint.

Paris.-Imp. PAUL DUPONT, 45, rue de Grenelle-Saint-Honoré.

www.ingramcontent.com/pod-product-compliance
Lightning Source LLC
Chambersburg PA
CBHW070840210326
41520CB00011B/2290